KB177681

100일간 엄마 말의 힘

100일간 엄마 말의 힘

사이토 다카시 지음 | 이은지 옮김

동양북스

PROLOGUE

엄마 말의 힘으로 100일이면 공부습관도 바뀐다

열이 올라 화 내고 말았을 때

게임에 빠진 아이를 주의시켜야 할 때

엉덩이 붙이고 공부하게 해야 할 때

아이를 부드럽게 혼내야 할 때

공부 열정을 끌어내야 할 때

바로 지금 '엄마 말의 힘'이 필요합니다.

이 책은 공부해라, 공부해라 잔소리하지 않고도 아이가 스스로 주도하는 삶을 살 수 있게 만드는 엄마의 말 기술 책입니다.

아이는 엄마, 아빠에게 칭찬을 받으면 '인정받았다'고 여기며, '난 괜찮아', '부모님께서 나를 소중히 여겨 주셔'라고 생각합니다. 그리고, 자신을 객관적으로 알려주고 응원하는 엄마의 말을 통해 더욱 성장해 나갑니다. 이렇게 생긴 자존감이야말로 아이가 앞으로 살아갈 때 뭐든 새롭게 도전하고, 꿋꿋하게 해나가는 힘이 됩니다.

자존감이 커진 아이는 배우고 익히는 힘을 저절로 터득하게 되고, 생활습관, 공부습관도 다잡을 수 있습니다.

엄마가 응원을 100일간 해야 하는 이유

아기가 태어난 지 100일이면 위험한 고비를 넘기고 면역력이 생기면서 엄마가 좀 편해집니다. 또, 100일이 더 지나면 통잠을 자면서 엄마는 한 번 더 편해집니다. 이처럼 아이는 각 성장시기별로 100일만큼 여물어가는 시간이 필요한데요. 하물며, 인생의 성패를 가르는 공부습관을 잡는데 일정한 시간이 필요한 건 당연한 일입니다.

골프도, 다이어트도, 영어 리스닝도 뭐든 3달이 기본이죠.

따뜻한 응원의 말 100일이면 아이의 공부습관마저도 바뀝니다.

그만할 때 그만하더라도 100일은 해보고 때려치워야지요.

공부전문가의 특급 노하우 5가지

책에는 공부전문가가 아이의 성적을 올려줄 엄마 말의 비밀을 털어놓으며, 시시콜콜하게 100일간 엄마 말을 코칭했습니다.

또한, 잔소리 대신 따뜻한 응원으로 성적을 올리는 5가지 공부자극법인 ① 자존감 높이는 법, ② 성장 사이클 잡는 법, ③ 동기부여하는 법, ④ 공부습관 잡는 법, ⑤ 재미와 실력 쌓는 법을 구체적으로 소개했는데요. 예시로 든 엄마의 말은 지금 당장 실천해볼 수 있을 만큼 현실적입니다. 아이마다 성격이 다르고, 엄마와 아이의 애정도나 집안 상황도 가정마다 다릅니다. 그러니 그중 자신에게 맞는 방법을 찾아 따라해보길 바랍니다. 핵심은 '아이가 자신감을 갖고 스스로 주도하여 공부할 수 있도록 엄마가 도와준다'는 데 있습니다. 물론, 처음에는 어색하지요. 그래서 엄마 말은 연습이 필요합니다.

엄마가 칭찬을 구체적으로 했을 때 나타나는 효과

아이는 엄마의 칭찬을 받으면 '내가 맞게 하고 있구나', '이걸 반복하면 되는구나'라고 생각합니다. 따라서 어떤 점을 칭찬해주는지가 중요합니다. 예를 들어, 책상을 항상 어지럽히는 아이에게 정리하라고 말한 뒤 책상 정리를 끝내면 보통은 "책상이 깨끗해졌네!"라고 칭찬하는데요.

물론 이 칭찬도 좋지만, 여기서 더 나아간 칭찬을 해주세요.

"와, 우리 도겸이는 깔끔한 성격이구나!"

"우리 인겸이는 청소에 소질이 있네!"

그러면 아이는 '아, 그렇지. 나는 원래 정리하는 걸 좋아하는 성격이었어'라고 생각하게 됩니다. 그 칭찬을 계기로 자연스럽게 정리를 잘하는 좋은 습관이 자신의 본질이라고 받아들이기 시작합니다. 그게 반복되면, 책상을 정리하는 습관이 생겨 선순환이 됩니다.

한 가지 더 예를 들어볼까요?

하모니카를 부는 아이에게 "잘하네!"라는 말에 그치지 말고, "음악에 재능이 있구나!"라고 칭찬해주는 겁니다. 그럼 아이는 '아하, 나는 음악에 재능이 있구나. 다른 악기도 연주해볼까? 나는 다른 것도 잘할 수 있을 것 같아'라는 생각을 하게 됩니다.

이 두 가지 칭찬의 공통점은 '점'에서 '면'으로 칭찬의 구조가 확장되었다는 데 있습니다. 어떤 바람직한 행위를 두고 다른 아이와 비교하는 게 아니라, 그 바람직한 행위를 한 아이의 내면에서 생겨난 변화나 성장을 놓치지 않고 인정해주는 것입니다. 아이는 그런 칭찬을 통해 자신을 더욱 긍정하고 발전해 나갑니다.

이 책에는 '엄마 말의 힘'을 키우는 다양한 힌트를 담았습니다. 무슨 일이 있어도 끙끙거리지 않고 '이렇게 하면 된다'라고 스스로 해결할 수 있는 아이가 많아지길 바라는 마음도요. 이 책이 엄마와 아이 사이가 돈독해지는 데 도움이 되면 좋겠습니다.

엄마 말의 힘으로 100일의 기적을 누려보세요.

100일이면 공부습관도 바꿀 수 있습니다.

차 례

3장

42~68일 공부가 중요함을 깨닫게 하는 시간

4장

행복한 모범생을 만드는 엄마의 말

69~89일 생활습관, 공부습관 잡아주는 시간

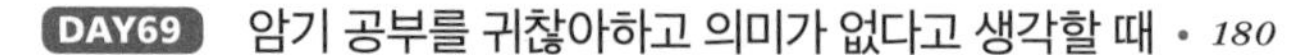

5장

흔들리지 않는 엄마의 마음으로

90~100일 재미 붙이고 실력을 쌓는 시간

1장

아이 마음을 살찌우는 엄마의 말

1~22 DAY

일단, 아이 자존감의 높낮이를
딱 맞추는 시간

긍정적인 마인드

자존감 높이기

DAY 1

나 자신을 사랑하는 게 가장 중요해

”

나를 온전히 사랑할 수 있는 사람은
오직 나 자신뿐

□ *Check* 내가 내 편이 되어준다는 것.

"나야 당연히 내 편이지"라고 너무 당연하게 생각하는 분들이 많겠지요. 그런데 사실 그렇지 못한 사람이 많습니다. 아이뿐 아니라 대학생도, 사회인도 마찬가지입니다.

자신감이 없는 사람은 지나친 콤플렉스로 자신을 부정하고 자신에게 애정을 쏟지 않습니다. 상황에 따라서는 자신을 싫어하는 경우도 있습니다.

인생에서 나를 온전히 사랑할 수 있는 존재는 결국 나 자신 하나뿐인데 말이죠.

물론 부모님이나 친척, 친구, 동료 같은 소중한 내 편이 있기는 하지요. 그래도 인간은 언젠가 독립하여 혼자가 되고, 머지않아 가정을 이루어 자신만의 세계를 만들어가야 합니다. 그때 분명 인생에서 여러 번의 벽에 부딪힐 테지요.

인생의 모든 순간마다 주위의 누군가가 지켜봐주고 응원을 해주기란 불가능합니다. 그때 내 편이 되어주는 가장 첫 번째 존재가 바로 '자기 자신'입니다. 아이가 그걸 정확히 이해하도록 도와주세요. 그리고 침울해하는 자신을 사랑하게 하세요. 내면에서부터 긍정적인 기운이 넘쳐흐르면 그 사람은 분명 자기 자신을 사랑하는 사람이 될 것입니다.

아이의 장점을 찾아 적극적으로 칭찬하기

성격이나 내면의 아름다움은 자신보다 타인이 더 쉽게 알아차리기 마련인데요. '나 따위…'라고 부정적으로 생각하는 아이더라도 주변 사람들은 그 아이의 훌륭한 점을 알고 있을 것입니다. 그 장점을 입 밖으로 내어 인정해주기만 해도 아이는 더욱 성장할 수 있습니다. 아이에게는 엄마가 첫 번째로 그 역할을 해줄 수 있습니다.

자신을 사랑하고, 자신의 장점을 찾아낼 수 있는 사람은 다른 사람의 장점도 잘 찾아냅니다. 그리고 이런 생각은 자연스럽게 다른 사람을 칭찬하는 일로 이어집니다. 이렇게 서로 칭찬하다 보면 아이의 자존감은 더욱 높아질 것입니다.

Mom's words

"넌 왜 그 모양이니?"

→ "너 스스로 네 편이 되어볼래? 제일 든든할걸."

DAY 2

능력이 대단하다고 중요한 사람인 건 아니야

'나는 못하는 게 많아'
나쁜 생각에 빠져 있을 때

□ ***Check*** 자신감을 가지고 인생을 즐겁게 사는 사람은 '자기가 자기 편'인 사람입니다. 그런데 반대로 자신을 부정하는 사람, 즉 자신을 적대시하는 사람은 자신을 소중하게 생각하지 않는 사람입니다.

이런 아이는 '나에게는 재능이 없어' 또는 '공부도, 운동도 못하는데, 내 인생은 의미 없어', '살 가치가 없어'라는 생각에 빠지기 쉽습니다.

만약 아이가 부정적인 생각을 하며 성적이나 외모 등 다양한 이유로 주눅이 들어 있다고 가정해봅시다. 이때는 자신에게 무엇이 가장 중요한지 생각해보라고 말해주세요. 그리고 애초에 "나는 특별한 능력이 없으니 실패야"라는 생각을, 과연 할 필요가 있는지도 생각해보게 하세요.

사회에 나가 일할 때를 예로 들면, 특수한 능력이나 탁월한 재능이 있는 사람이 첫 출발선에서 유리한 위치에 서기는 합니다. 하지만 일상생활에서 행복을 누릴 때 대단한 능력이 과연 필요할까요? 아닙니다. 최소한의 활동만 유지할 수 있다면 가족과 또래 친구들과 함께 어울려서 소소한 행복을 누릴 수 있습니다.

뛰어난 능력이 없어도 소중한 존재임을 알게 한다

물론, 특별한 능력이 있다는 것은 멋진 일입니다. 그러나 그런 능력과 상관없이 사랑하는 가족과 함께 살아가고 있다는 사실만으로도 삶은 충분히 의미 있습니다. 이 당연하고도 중요한 사실을 엄마와 아이가 함께 되새겨보세요.

Mom's words

"사람마다 재능은 각양각색."

"이 순간을 즐기렴. 지금도 충분히 행복해."

DAY 3

우린 모두 행복하게 살 권리가 있어

일이 잘 풀리지 않아
자꾸 불안감에 휩싸일 때

□ ***Check*** "돈, 성적, 능력과 상관없이 누구나 행복하게 살 수 있어."

이 말은 어른에게도, 아이에게도 통하는 진실입니다.

사회의 가장 기본 질서인 헌법에서는 '모든 국민은 인간으로서의 존엄과 가치를 가지며, 행복을 추구할 권리를 가진다. 국가는 개인이 가지는 불가침의 기본적 인권을 확인하고 이를 보장할 의무를 진다'라고 명시되어 있고, 국민의 기본 권리로 보장하고 있습니다.

즉, 누구라도 사회질서를 어지럽히지 않는 한 행복할 권리를 가지며, 국가는 그것을 위해 규칙을 만든다는 의미로 해석할 수 있는데요.

불안한 아이에게 필요한 것은 '마음의 안전망'

권리라는 말은 큰 의미를 지닙니다. 권리란 누군가에게 부탁하고, 그때마다 허락받는 것이 아니라 당연히 주어지는 것입니다. 축구를 잘하지 못하더라도 발이 빠르지 않더라도, 같은 반 친구를 웃기는 일에 서툴러도, 우리는 인간답게 산다는 권리(생존권), 나아가 행복하게 살 권리(행복 추구권)를 가지고 있습니다.

그것이 헌법으로 보장된다는 사실을 떠올리기만 해도 궁지에 몰렸을 때 마음의 안전망이 되어줍니다. 처음엔 식상한 말처럼 들리겠지만, 법적 울타리가 지켜주는 뭔가 강력한 안전기지 속에 들어온 느낌이 들 거예요.

성적으로 인해, 친구 관계로 인해, 사소한 실패로 인해 일상의 벽에 부딪혀 자신을 부정하게 되는 굴레에 빠진 아이가 있다면 말해주세요.

"우리가 살아가는 곳은 누구나 행복하게 살 권리가 보장되는 사회야."

DAY 4

네 마음속 나쁜 생각을 일단 멈춰볼래?

자신에게 너무 엄격해서
편하게 해주고 싶을 때

▢ ***Check*** 자존감이 낮은 아이는 자신이 목표로 정한 일이 조금만 실패해도 많이 실망하며 좌절합니다. 실패를 받아들이지 못할 정도로 자신에게 엄격한 평가를 하기도 하는데요.

"그 사람은 자신에게 엄격해"라는 표현이 어른들에게는 좋은 의미로 쓰입니다. 그런데 과연 모든 사람이 그래야 할까요?

예를 들어, 프로 운동선수는 자신을 엄격히 관리해 육체와 정신을 몰아붙여서 최상의 능력을 끌어내야 합니다. 그러나 사회 구성원 모두가 그 방식을 따라야만 할 이유가 없습니다. 만약 따라 한다고 해도 24시간 365일 내내 이어갈 이유가 없지요.

혹시, 아이가 자신을 평가하는 눈이 엄격해서 '난 가치가 없어'라고 생각하며, 자신의 마음을 괴롭히고 있나요? 그럼 자신을 향한 엄격한 시선부터 거두게 하세요. 궁지에 몰린 듯한 시선에서 해방되는 것만으로도 부정적인 생각을 없앨 수 있습니다.

쓸데없는 자기 평가를 과감하게 멈추기

쓸데없는 자기 평가를 당장 고치기 힘들다면, '아, 지금은 자기 평가 그만하자', '고민 금지!'라고 생각하는 습관을 들이게 도와주세요.

"네 내면을 너무 들여다볼 필요 없어."

"너를 너무 엄격하게 조이지 말고 여유를 가져. 그래도 괜찮아."

엄격한 자기 평가만 안 해도 앞으로의 삶이 즐거워질 것입니다.

Mom's words

"이번엔 좀 아쉽지만, 조금 편하게 생각해도 돼."

DAY 5

무턱대고 긍정적인 것보다 조금 걱정하는 게 나을 때도 있어

반대로,
아이 자존감이 지나치게 높을 때

▢ ***Check*** 자신감이 없는 아이와 반대로, 자존감이 높아서 자신감이 넘치는 아이도 있습니다. 그런데 이게 꼭 좋은 건 아닙니다. 이런 아이들은 자신에게 너무 관대해서 어떤 상황을 냉정하고 객관적으로 바라보지 못합니다. 무모한 행동을 저지르기도 하지요.

어른의 경우도 마찬가지입니다. 한 벤처 기업이 업계에서 촉망받다가 갑자기 파산 위기에 몰렸습니다. 그런데 그 회사의 경영진은 하나같이 자기 평가를 높게 하고 자신감으로 가득 차 있었습니다. 위기가 와도 막연하게 돌파할 거라고 생각하고 안일하게 대처했던 것이죠.

만약 '돌다리도 두드려보고 건너는' 유형이 임원 중에 한 명이라도 있었다면, 회사의 운명이 바뀌었을지도 모릅니다.

자존감의 높낮이 조절은 요령 있게

비록 자존감은 낮지만, 신중한 성격으로 진지하게 생각하는 사람도 많습니다. 다른 사람의 눈에는 '시끄럽지 않고 차분해서 느낌이 좋은 사람'으로 보일 수도 있습니다.

부정과 긍정은 늘 동전의 양면과 같습니다.

자신에게도 좋은 점이 있음에도 깨닫지 못하고 부정적인 생각에만 빠지지 않게, 자존감의 높고 낮음을 잘 조절하는 것이 중요합니다.

DAY 6

미리 안 된다고 하지 말고 즐기는 마음으로 해봐

잔뜩 움츠려 있는 아이에게
용기를 줄 때

▢ *Check* 요즘 학생들을 만날 때마다 지나치게 신중해서 자존감이 낮은 아이가 많다는 사실을 느낍니다. 그래서 학생들을 가르칠 때도 섬세한 성격으로 인해 상처 받는 학생이 생기지 않도록 신경을 많이 씁니다. 적어도 그 학생이 학교에 다니는 동안만이라도 말입니다.

아이들은 학교라는 울타리에서 벗어나 나중에 사회생활을 하게 되면 여러 쓴맛을 보게 됩니다. 아마도 그들이 인생에서 처음으로 맞닥뜨리는 고난일 겁니다.

'무엇을 할 수 있는가'가 아니라 '무엇을 하고 싶은가'를 생각하게 한다

그렇다면 멘탈을 어떻게 단련해야 사회에서 충격이 덜할까요? 우선 '내가 무엇을 할 수 있을까?'가 아니라 '내가 무엇을 하고 싶은가'를 항상 생각하는 습관을 들여야 합니다. 자기 분석보다는 내가 바라는 바를 추구하는 데서 시작하는 겁니다.

예를 들어, 아이가 축구부에 들어갔다고 생각해볼까요? 졸업할 때까지 정식 선수가 되지 못했다고 하더라도 '좋아하니까 지금까지 해온 거야'라는 생각을 가지고 있다면, 그 아이는 슬퍼하거나 움츠려 들지 않을 겁니다. 오히려 그 경험과 생각이 마음을 더 단단하게 하겠지요.

지知 호好 락樂. 공자가 한 말입니다.

무슨 일을 하든 단순히 아는 사람은 좋아하는 사람보다 못하고, 좋아하는 사람은 즐기는 사람보다 못하다는 의미지요.

어떤 일에서든 '즐거우니까 한다'라는 점이 중요하다는 사실을 알려주세요. 그리고 그런 사고방식이 몸에 밴 아이로 자라도록 도와주세요.

DAY 7

이 세상에는 멋진 사람들이 참 많아

내면으로 향해 있는 시선을
외부로 향하게 하는 법

▢ *Check* 자기 자신에게 자신감이 없는 아이는 시선을 내면에만 두어 엄격한 자기 평가를 이어갑니다. 따라서 엄마는 아이가 양파 껍질을 벗기듯 텅 빈 자신을 찾아내는 일을 멈추게 해야 합니다. 마음을 숲처럼 풍성하게 만들어가는 방향으로 유도해야 합니다.

내면을 향한 시선을 일단 거두어 자기 비판을 멈추게 한 뒤, 외부로 시선을 돌리게 해보세요. **아이가 '내가 가치 있는가'를 고민할 때 '이 세계는 어떠한가'를 고민하도록 생각을 전환해주세요.** 자신이 존재하는 이 세계에 호감을 품도록 유도하는 것입니다.

"이 세상은 근사하다" 또는 "세상은 살 만한 가치가 있다"라고 자주 말해주세요. 아이가 그걸 받아들이는 순간 '이 멋진 세상에 존재하는 나도 살아갈 가치가 있어!'라고 생각하게 됩니다.

"이 세상은 살 만한 가치가 있다"
〈이웃집 토토로〉, 〈센과 치히로의 행방불명〉 감독의 말처럼

미야자키 하야오 감독은 영화를 만들 때 수많은 아동 문학작품에서 영감을 받았다며 다음과 같이 말했습니다.

"이 세상이 살 만한 가치가 있다는 사실을 아이들에게 알려준다는 데 보람을 느끼죠. 이것이 내가 이 일을 이어가는 근간이 됩니다."

이 말은 '내가 사는 이 세상이 멋지다고 긍정하고, 이 세상에 사는 자신이 행복하다고 생각할 수 있다면, 자신을 부정하지 않는 마음가짐으로 이어진다'라는 의미로 해석할 수 있는데요.

우리는 멋진 운동선수나 아티스트들이 활동하는 걸 보았을 때 '저런 멋진 사람과 같은 시대에 살고 있어서 참 좋네!'라고 생각합니다.

물론 아무나 히어로나 히로인이 될 수는 없습니다. 그러나 응원을 통해 용기를 받고 감동하는 것은 자유롭게 할 수 있습니다. 그런 환경에 놓여 있다는 사실 자체로도 충분히 행복한 일이죠. 그럴 때마다 아이의 감동에 공감해주세요. 그리고 칭찬을 아끼지 마세요.

"세상에는 멋진 사람이 참 많네. 정말 행복해!"

이 세상이 얼마나 살 만한지, 살아야 할 이유가 얼마나 차고 넘치는지 아이가 느낄 수 있도록 하는 것은 정말 중요한 교육입니다.

Mom's words

"난 왜 이렇게 태어났을까?" (아이의 내면)

→ **"이 세상엔 멋진 사람이 많아. 같은 시대를 사는 것만으로도 행복한 일이야!"** (외부로 시선 돌림)

DAY 8

너는 존재 자체로 소중해.
잘하는 건 천천히 찾아보자

꿈이 없고,
진로를 정하지 못해 방황할 때

▢ ***Check*** 자신이 무엇을 좋아하는지 모르고, 자꾸 무엇을 해야 할지 모르겠다고 느낀다면 아이가 불안한 상태입니다.

'자신이 어떤 사람인지' 알아간다는 것은 아이덴티티identity를 확립해간다는 의미입니다. 신분증을 영어로 'Identification'이라고 합니다. 즉, 아이덴티티란 현재 자기가 가진 특성이 언제나 같은 것으로 그 사람의 심리 · 사회적 존재를 증명합니다.

이것은 미국의 정신분석학자 에릭 에릭슨이라는 사람이 주창한 개념입니다. 예를 들어, '한국에서 태어나 한국인이다'라는 아이덴티티를 가질 수 있습니다. 그것은 그 사람에게 소속감을 주고 안정적으로 살아가게 합니다.

자신이 어떤 사람인지, 어디에 속했는지, 앞으로 어떤 존재로 있고 싶은지 자각하는 게 바로 아이덴티티의 확립입니다. 자신을 발견하는 것이라는 표현도 좋겠지요. 자신을 찾는 여행을 할 때는 그저 고민에만 그쳐서는 안 됩니다. 운동, 공부, 악기 연주 등 어떤 분야든 상관없으니 여러 가지를 체험해야 합니다.

아이의 불안감이 높아지면 일단 소속감을 준다

아이덴티티란 사회관계 속에서 자기 자신의 존재를 이해하는 것입니다. 개인적으로 생각하는 것이 전부가 아닌, 사회 속에서 감각을 공유하는 것. 에릭슨 박사는 이를 '사이코 소셜(심리 · 사회적)'이라는 개념으로 표현했습니다.

자신이 속한 사회를 어떻게 받아들일 것인가! 이것은 앞으로 아이가 살아가는 방식과 크게 연관되어 있습니다. 긍정적인 아이덴티티가 형성되도록 사소한 것에도 긍정적인 말을 많이 해주세요.

DAY 9

네가 좋아하는 것들이 곧 너란다

아이 마음의 안전기지를
강화시키는 법

□ *Check* 아이덴티티의 의미를 한 번 더 생각해볼까요?

그러다 보면 우리는 모두 각자가 속한 사회 안에서 다른 사람과 가치관이나 감각을 공유하고 있었다는 사실을 알게 됩니다. 자신을 지탱해주는 것이 사실은 자기 자신뿐만이 아니었음을 깨닫게 되지요.

어딘가에 속해 있다는 느낌은 때때로 커다란 안정감을 안겨줍니다. 자신이 속한 집단에 유대감을 느끼면, 그것이 자존감으로 이어지기 때문입니다.

저는 시즈오카현 출신으로, 어릴 적부터 '시즈오카현은 최고의 차茶 생산지로 기후도 좋고 음식도 맛있다'라고 교육받았습니다. 그 때문인지 18살에 도쿄로 온 이후 지금까지 수십 년이 지났지만, 여전히 고향을 향한 애정이 무척 깊습니다.

고등학교 야구대회가 열리면 자연스레 고향 대표팀을 응원하고, 고향의 후지산이 근사하다고 칭찬받으면 이유 없이 기뻐집니다. 이는 시즈오카현 사람으로서의 아이덴티티가 제 안에 존재하기 때문이겠지요.

어딘가에 속해 있다는 사실만으로도 안정감을 얻을 수 있다

일본 프로축구 리그에 속한 팀들은 팀명에 반드시 그 연고지를 넣습니다. 자신이 속한 지역이라는 아이덴티티를 자극하는 지역 밀착형 운영 방식입니다. 자신의 고향에 더 강한 유대감을 느끼고, 그곳에 사는 사람으로서 긍정적인 인식이 생기지요.

자신이 속한 집단이나 사회를 향한 긍정적 인식은 인생에서 매우 중요합니다. 사는 곳에 프로 리그 팀이 있다면 아이와 함께 그 팀을 응원하는 것도 자존감을 높이는 방법입니다.

자신이 세상 어디에 속해 있는지, 자신을 둘러싼 사회는 어떤

지 등 아이덴티티를 모색하면서 그 사회에 애정을 키워 가는 게 중요합니다. 그러려면 아이가 속한 집단과 더불어 사는 지역을 좋아하게 해주고, 부모님이 좋아하는 것 또한 아이에게 자연스럽게 전달해야 합니다.

Mom's words

"네가 좋아하는 것들을 하나씩 늘려가자."

"함께 좋아하는 배구팀 응원하러 갈까?"

DAY 10

마음이 지쳤다면 애쓰지 말고 흘려보내렴

아이가 현재 감정에 집착해
마음이 피곤해졌을 때

□ *Check* 요즘은 그야말로 개인 존중의 시대입니다. 하지만 '개인'이라는 개념에 지나치게 얽매여 있으면 문제가 되기도 합니다. 예전에는 단체생활을 중요시하여, 개인의 심리를 많이 고려하지 않았습니다. 개인으로 '이렇게 하고 싶다, 저렇게 하고 싶다'가 아닌 집단의 규칙을 준수했지요. 그렇다 보니 집단 안에서 자신의 사적인 기분을 드러내는 일은 있을 수 없었습니다.

현대인에게는 이런 분위기가 상당히 갑갑하게 느껴질 것입니다. 그런데 한편으론 마음이 편한 점도 있을 겁니다. 자신의 내밀한 심리 변화에 휘둘릴 일이 없을 테니까요.

부부싸움을 해서 기분이 언짢더라도 사회에 나가면 평소처럼 일할 수 있습니다. '사회'라는 집단 속에 묻히면 자기 감정에 흔들리지 않고 일하게 되니까요.

학습 활동도 마찬가지입니다. "학원에 가기 싫어!"라고 투덜거리던 아이도 막상 학원에 가면 친구를 만나게 되고 같이 놀면서 마음이 누그러집니다.

자기 기분을 지나치게 신경 쓰면 심리적 부담이 커집니다. 그러니 아이의 기분을 풀어주려고 너무 애쓰지 마세요. 마음이 지칠 때는 자신이 속한 집단이나 스케줄에 몸을 맡긴 채 그냥 생활하도록 해주세요. 이 또한 아이를 편하게 하는 방법입니다.

덧붙여, 사람은 어딘가에 소속되고, 자신이 속한 사회를 좋아하게 되면서 자기 자신을 긍정적으로 생각하게 된다고 말했는데요.

피아노를 좋아해서 배우는 아이는 피아노와 관련된 문화의 일부가 된 자신이 멋지다고 느낍니다. 그리고 그런 자신을 좋아하게 되지요.

"좋아하는 것의 일부가 되다니 정말 멋지다."

마음이 지친 아이도 이런 칭찬을 받으면 힘이 납니다. 아이가 하는 일을 지지하고 응원하는 것이 엄마의 일임을 잊지 마세요.

DAY 11

다른 친구와 비교하는 건 의미 없는 일이야

또래 친구와 비교하며
질투할 때

▢ *Check* 아이의 자존감을 낮게 만드는 가장 큰 원인은 '타인과의 비교'입니다. 아이가 운동이든 공부든 상위권 친구를 도저히 따라잡을 수 없다고 느끼게 되면, 자꾸 그 친구와 자신을 비교하며 콤플렉스를 느낍니다.

이런 일이 반복되면 당연히 자기 자신을 부정하는 일로 이어지지요. 이럴 때 엄마 말의 힘이 필요합니다.

"그 아이는 그 아이고, 너는 너야."

타인과 비교하는 일은 아이만의 문제가 아닙니다. 엄마가 무심코 자신의 아이와 다른 집 아이를 비교하는 일도 종종 있는데요.

"엄마 친구 아들은 지난번 수학시험에서 100점 맞았다던데."

성적에 대한 불안감 때문에 그 감정을 아이에게 드러내는 것이지요. 이것은 엄마 역시 다른 집 아이와의 비교를 멈추지 않기 때문입니다.

이런 일이 반복되면, 아이는 점점 더 타인과 자신을 비교하는 버릇이 생깁니다. 당연히 자존감이 계속 낮아질 수밖에 없습니다. 누군가와 비교하는 일은 절대 하면 안 됩니다.

아이 자신의 '비포 앤 애프터'를 비교해준다

비교가 필요한 순간도 있는데요. 또래 친구나 다른 누군가와 비교하지 말고, 아이의 작년과 올해 또는 1개월 전과 현재를 살핀 뒤 "와, 그때보다 이만큼이나 나아졌네!"라고 말해주세요. 실력 향상의 정도를 숫자로 제시해 성장을 이미지로 보여주면 더 효과적입니다.

아이는 부모님에게 칭찬 받으면 진심으로 기뻐합니다. 그리고 자신의 성장을 실감하게 되어 자신감이 커집니다. 더 나아가 타인과 비교하여 자신을 부정하는 행위를 돌아볼 수도 있습니다.

그 과정에서 그저 관점만 바꾸어도 훨씬 마음이 평안해진다는 진리를 깨닫겠지요.

아이에게 비교가 아닌 격려를 통해 '나는 나'라는 생각이 자리 잡을 수 있게 해주세요.

"지난번보다 줄넘기 실력이 늘었네."

"영어 억양이 점점 자연스러워지고 있어."

당장 오늘부터 시작해보면 어떨까요? 뭐라도 괜찮으니 시작이 중요합니다.

Mom's words

"엄마 친구 아들은 공부 욕심이 많아서 늘 1등이래."

→ **"과학 점수가 올랐구나. 네가 노력한 보람이 있네."**

"그 아이는 그 아이고, 너는 너야."

DAY 12

그렇게 설명해주니 이해하기 쉽네

간단하게
아이의 소통 능력을 키우는 법

▢ *Check* 아이의 인생에 커뮤니케이션 능력은 매우 중요합니다. 다행히 커뮤니케이션 능력은 타고난다기보다 연습을 통해 발전합니다.

커뮤니케이션은 대화나 문자를 통해 감정을 주고받는 행위입니다. 나 혼자 술술 일방적으로 말하는 태도는 좋지 않습니다(성인 중에도 그런 이가 있습니다). 오히려 맞장구를 쳐준다거나 질문을 해본다거나 하며 상대방의 말을 제대로 들어준 뒤, 그 사람의 감정에 다가가야 합니다. 이때 공감이 무척 중요하지요.

커뮤니케이션을 잘하면 의사소통이 원활해지고, 친구와의 신뢰를 돈독히 쌓을 수 있습니다. 거기서 오는 즐거움이 자존감을 단단하게 합니다.

커뮤니케이션 능력은 연습을 통해 키워진다

커뮤니케이션 능력을 키우는 간단한 방법은 커뮤니케이션과 관련된 말을 넣어 칭찬해주는 것입니다.

"항상 생각하는 건데, 들어주는 걸 잘하는구나!"

"방금 한 말, 최고야!"

외식할 때 아이가 음식 맛을 독특하게 표현한다면 그걸 포인트로 삼아도 좋겠네요.

"와, TV에 나오는 맛집 리뷰 같은걸!"

이런 칭찬은 각인 작업과 같습니다. "잘하네!"라고 계속 말해주기만 해도 아이는 듣는 법과 말하는 법을 의식합니다. 그렇게 계속 의식하다 보면 커뮤니케이션 능력은 반드시 높아집니다. 그렇게 조금씩 다른 방향으로도 칭찬해보세요. 그럴수록 인간관계에 자신감을 얻게 되고, 자존감도 단단해집니다.

DAY 13

다른 사람을 배려하면 결국 네가 행복해져

아이에게
부족한 이타심을 길러줘야 할 때

□ ***Check*** 아이에게 정직한 도덕관을 가지게 하는 첫걸음은 이타심(남을 위하거나 이롭게 하는 마음)을 길러주는 것입니다. 이타심을 지니면 배려할 줄 알고, 매사에 감사하며, 타인에게 공감을 잘합니다. 따라서 기본적으로 규칙을 잘 지키고, 어른의 말을 공경하며 잘 따릅니다.

이 세상은 혼자서 사는 곳이 아닙니다. 가족과 지역 사회 속에서 살아간다는 사실을 이해하고, 그 일원임을 잘 알아야 합니다.

제가 앞서 말씀드렸지요? 인간은 자신이 속한 집단을 사랑함으로써 마음의 평화를 지키고 자존감을 높인다고요.

개인적인 경험을 하나 말씀드리지요. 런던에 갔을 때의 일입니다. 한 아이와 스쳐 지나가다가 그만 부딪히고 말았지요. 저는 곧바로 뒤돌아 아이에게 사과하려고 했습니다. 그런데 아이가 먼저 "Sorry(죄송해요)!"라고 하더군요.

어린 아이지만 반사적으로 사과의 말이 나오는 걸 보고 감탄했습니다. 이렇게 즉각적인 반응과 반사적 리액션은 커뮤니케이션 능력과 연결되는 매우 중요한 부분입니다.

부모는 아이의 거울이다

이타심을 지닌 아이가 많은 학교에서는 누구나 친구에게 친근하게 다가갈 수 있습니다. 서로를 공감하는 아이들이 한데 있으니 당연히 학교와 학급의 분위기가 좋겠지요.

이타심을 키우고 싶다면 단순히 "요새 봉사 활동에서 뭘 했니?"라고 물어보는 데 그쳐서는 안 됩니다. 물론 질문을 던지는 것도 중요하지요. 그러나 **부모가 솔선수범하여 모범을 보이는 게 핵심입니다.** 전철에서 노인에게 자리를 양보하는 등 간단한 행위도 괜찮습니다. 부모님의 모습을 계속 지켜본 아이는 반드시 따라 하니까요. 나아가 그런 행위를 통해 쌓여가는 이타심은 아이가 여러 계층의 사람을 대할 때 적절히 발휘될 겁니다. 대상이 점점 확장되는 거지요.

이타심을 기반으로 한 행동은 결코 자기희생이 아니라는 점을 분명히 알려주세요.

Mom's words

"이타심 가득한 행동 덕분에 결국 네가 행복해질 거야."

DAY 14

친구가 잘한 걸 기뻐해주는 건 멋진 일이야

❞

친구의 성공을
축하해주지 못할 때

▢ *Check* 같은 반 친구가 수학을 그리 잘하지 못했는데, 갑자기 시험에서 좋은 점수를 받았을 때를 예로 들어보겠습니다.

친구의 점수를 마냥 기뻐해주지 못하는 반 아이도 분명 있을 겁니다. '그 친구의 대단함'이 아니라 '자신의 역부족'으로 관점이 바뀌어 버린 거지요. 또한, 솔직하게 남의 기쁨에 공감해줄 수 없는 자신에게 혐오감을 품게 되어 자존감도 떨어집니다.

이것이 바로 마이너스의 악순환입니다.

다른 사람과 경쟁하는 게 아니라 자기 자신과의 싸움

2021년 도쿄 올림픽 스케이트보드 여자 결승전은 매우 인상적이었는데요. 예선 상위권으로 결승에 도전한 일본 선수가 안전한 경기 운영에서 벗어나 대담한 기술을 시도했습니다. 그 결과, 경기 후반부에 보드에서 떨어졌고, 4위를 기록해 메달 획득에 실패했습니다. 그때 다른 나라 라이벌 선수들이 눈물을 흘리는 일본 선수에게 달려와 안아주며 용기를 칭찬했지요.

스케이트보드 경기는 상대를 이기는 게 아니라, 어떻게 하면 최고의 퍼포먼스를 발휘할 수 있는지로 평가받습니다. 그 때문에 다른 선수가 어려운 기술에 성공하면 모두가 기뻐하고 칭찬한다고 합니다. 또한, 선수 각자가 얼마나 노력해왔는지 잘 알고 있기 때문에 공감대가 형성되어 있습니다.

혹시 아이가 친구가 잘되는 일에 질투심을 갖고 있다면 이렇게 말씀해주세요.

"그 친구가 열심히 했으니 그런 결과를 낸 거 아닐까?"

"친구의 결과와 네 목표는 별개야."

DAY 15

이렇게 친절하다니 너는 정말 좋은 사람이야

아이 스스로
자신에게 만족하게 하는 말

□ ***Check*** 전철에서 자리를 양보하거나 모금을 하는 행위를 "위선적이야"라거나 "자기 만족이야"라고 하는 사람이 있다는 사실은 유감스럽습니다. 선행하는 자기에게 만족한다는 건 정말 중요하기 때문이지요.

선행을 하면 기쁨, 쾌감, 성취감 등을 일으키는 도파민이 분비됩니다. 그리고 선행을 반복하게 되지요. 즉 내가 선행을 하는 나를 더 좋아하게 됩니다. 결국, 선행하는 자기 모습이 자존감으로 이어지지요. 그러니 "친절한 너는 정말 좋은 사람이야"라고 칭찬해주세요. 그리고 그런 자신을 좋아해도 된다고 말해주세요.

'기존 자사 제품 대비'의 시선으로 지켜보며 칭찬해준다

홈쇼핑 광고에서 '기존 자사 제품에 비해'라는 표현을 들어본 적 있으시죠? 비교 대상이 타사가 아니라 이전부터 자사에서 취급해온 상품이라는 것을 의미합니다.

아이를 대할 때도 이런 비교 화법을 써야 합니다. **타인과 비교하지 말고 아이의 내면에서 일어나는 변화를 세심히 살펴봐야 합니다.** "어느새 그런 일도 할 수 있게 됐구나!"라고 아이의 과거와 현재를 비교하여 평가해주는 거지요.

자존감을 낮추는 가장 큰 요인은 '타인과의 비교'라고 말했는데요. "A보다 대단하네"나 "B에게 지고 있네"라는 말은 아이의 긍정적인 성장에 전혀 도움이 되지 않습니다. 아이에게 부모님의 칭찬은 식물에게 주어지는 빛과 같습니다. 기대가 담긴 빛이 아이의 힘을 길러주지요.

아이는 철봉에서 거꾸로 오르기를 할 때 "엄마, 이것 좀 봐!"라고 말을 걸어옵니다. 이는 부모님이 자신을 보고 있다는 사실을 통해 부모님의 기대감을 살피는 행위입니다. 그 기대감이 하고자 하는 의지로 이어집니다. 아이가 무언가를 느끼고 공감하는 마음으로 행동할 때 반드시 이를 알아주고 칭찬해주세요.

DAY 16

결과보다
끝까지 해냈다는 점이 더 대단해

과정이야말로 인격을 갖추는데
꼭 필요한 것

▢ *Check* 아이가 축구 시합에서 졌을 때, 눈물을 흘리며 분하게 생각했나요? 그건 그만큼 이기고 싶었다는 뜻이겠지요. 그리고 그것 자체가 이상한 일도 아니고요.

그러나 너무 결과에 연연해 하는 건 문제가 있습니다. '이기지 못하면 의미가 없어'라는 생각에 빠지고, 목표에 이르는 과정의 가치를 가볍게 여기게 될 테니까요.

전 메이저리그 야구 선수인 이치로 씨는 과정에 대해 이렇게 말했습니다.

"결과가 중요하다는 마음을 잃어선 안 됩니다. 그러나 과정 또한 중요합니다. 선수로서가 아니라 인격을 갖추는데 필요한 것이니까요."

매우 무게 있는 말이라고 생각합니다.

열심히 연습하는 아이를 있는 그대로 좋아해주기

엄마는 아이에게 연습하는 즐거움을 알려줘야 합니다. 아이가 왜 축구를 시작했는지를 생각해보면 축구를 좋아했기 때문일 테니까요.

연습할 때 목표를 제대로 설정해 기술을 온전히 내 것으로 만드는 즐거움은 어떤 것으로도 대신할 수 없습니다. 게으름을 피우지 않고, 천천히 늘어도 상관없다는 마음으로 점점 발전하는 자신의 모습을 진심으로 느낀다면, 아이는 열심히 연습하는 자신을 좋아하게 됩니다. 그 마음을 기반으로 자신과 승부를 겨룰 수 있게 되지요. 이 과정을 통해 자존감이 점점 높아지고 다음 단계로 발전하는 자신감이 생겨납니다.

아이가 시합에서 이기거나 시험에서 좋은 점수를 받았을 때 "잘했어!"라고 칭찬해주시면 물론 좋지요. 그러나 이런 부류의 칭찬만 해주면 문제가 생길 수 있습니다. '내가 다음 시합에서 지면 이제 칭찬을 안 해주실까?' 혹은 '내가 다음에 성적이 떨어지면 더는 칭찬을 못 받나?' 하는 불안감을 느끼기 때문입니다.

반드시 결과와 과정 양쪽 모두를 칭찬해주세요. 그리고 실패하더라도 지나온 과정을 함께 돌아보며 아이가 밟아 온 과정의 가치를 인정해주세요.

"그래도 너는 정말 열심히 했잖아! 그게 얼마나 대단한 일인데!"

그런 칭찬을 받은 아이는 실패를 훌훌 털고 씩씩하게 다음 도전에 임하는 아이로 성장합니다.

DAY 17

이번에 실패한 건
누구의 탓도 아니란다

자신의 탓도
남의 탓도 하지 않게 하는 법

▢ ***Check*** 살다 보면 하던 일이 잘 안 되는 때가 있기 마련입니다. 그럴 때 '내가 못해서 그래' 혹은 '내가 나약한 탓이야'라고 자책하기 쉽지요. 그렇다고 남 탓만 하라는 말은 아닙니다. 무조건 내게 활시위를 돌리는 게 아니라 '내 탓이야'라는 사고방식을 버리라는 거지요.

사실, 저는 제 탓을 하지 않는 성격입니다. 제 책이 팔리지 않았을 때도 내게 '재능이 없어서 그래'라고 생각하지 않았고, 편집자나 세상 사람들을 탓하지도 않았지요. 후회는 좀 합니다만, 어디까지나 이번엔 운이 안 좋았다고 받아들였습니다. 그리고

"문고판으로 출간할 때 제목을 바꿔보는 게 어때요?"라고 출판사와 긍정적으로 이야기를 주고받았지요.

'그 실패'를 어떻게 수정할지가 중요하다

실패의 원인을 알았다면 누구 때문인지 생각하지 마십시오. 그것을 어떤 식으로 수정할지와 다음 단계를 생각하세요. 아이의 일도 마찬가지입니다. **무언가에 실패했다고 몰아세워서는 절대로 안 됩니다.** "다음엔 이렇게 해보자"라고 구체적인 대안을 제시하는 게 엄마의 일입니다.

운동 경기에서는 실패가 뒤따르는 법입니다. 예를 들어, 야구 선수가 세 번의 연이은 경기에서 한 번도 안타를 치지 못하는 일도 무수히 많습니다. 이전 타석에서 치지 못했더라도 다음에 만회하면 됩니다. 후회한다고 결과가 달라지지는 않으니까요. 감독이나 코치를 탓해도 마찬가지입니다.

그래서 운동이나 피아노 등을 배우는 게 좋습니다. 경험을 쌓고, 실패도 겪는 과정을 통해 결과를 받아들이고, 다음 도전에서 그 경험을 살리는 법을 익히게 되니까요. 그런 아이들은 '누군가를 탓하지 않는' 어른으로 자랍니다.

DAY 18

기회는 별처럼 많아. 지치지 않고 하면 돼

실패가 두려워
도전을 힘들어 할 때

▢ ***Check*** "하면 된다!"

단순하지만 매우 강력한 말입니다. '그래, 넌 할 수 있어!'라고 자신에게 말해주는 마음가짐은 매우 중요합니다. '해봤자 안 되는 일이 태반이야!'라는 비관의 늪에 빠지지 않고 긍정적으로 매사에 도전하는 태도를 갖추었다는 의미니까요.

'어차피 할 수 없어'라고 생각하면 애초에 도전조차 하지 못합니다. 그러면 정말 시작조차 할 수 없어집니다. **'하면 된다'는 말과 그에 따르는 자신감은 무척 중요합니다.**

잘 안 되더라도 하지 않는 것보다 낫다

정신일도하사불성精神一到 何事不成. 생각대로 이루어진다.

아이에게 "도전해보자", "한번 해보자"와 같이 '도전'을 주제로 한 말을 통해 끊임없이 격려해줍니다.

토마스 에디슨은 "실패 따위 없다"라고 생각했습니다. 도전해서 실패한들 그 방식이 틀렸음을 안 것으로 족하다고 여긴다면, 확실히 실패란 없다고 말할 수도 있겠네요.

"밑져야 본전"이라는 말도 추천합니다. 이런 말은 저도 자주 씁니다. '잘 안 되더라도 아무것도 하지 않는 것보다 낫다'라고 생각하기 때문이지요. 그런 생각을 항상 하고 지내다가 우연히 잘되면 그것대로 좋은 일입니다.

또, 실패하더라도 '하지 않은 상태와 같잖아. 그러니 괜찮아'라고 생각하면 용기가 생깁니다.

DAY 19

이번 시험은 망쳤지만 넌 머리가 좋으니까 노력하면 돼

'난 머리가 좋아'라고
믿게 하는 요령

□ *Check* 성적이 안 오르는 이유를 날 때부터 머리가 나빠서라고 탓하며 포기하려는 아이가 많습니다.

꾸준히 노력하게 할 원동력이 필요한데요. 이때 "머리가 좋다"는 편리한 말입니다. 이 말은 쓰기 나름인지라 '난 머리가 분명 좋은 거야'라고 생각하면, 실패하더라도 굴하지 않는다는 장점이 있습니다.

자꾸 "넌 머리가 좋구나"라고 칭찬해서 아이가 '난 머리가 좋구나'라고 믿게 하는 것도 방법입니다. 머리가 좋다는 것은 모호한 말입니다. 시험 점수가 나쁘게 나왔어도, "머리는 좋은데 말이야"라고 말하는 게 꼭 모순이 아닙니다.

저 역시 '머리가 좋다'는 말에 효과를 본 경우입니다. 어릴 적에 카드 짝맞추기 게임(카드를 뒤집어 놓고 순서대로 두 장씩 뒤집어서 앞면을 맞춤)을 잘했습니다. 부모님은 머리가 좋아서 게임을 잘한다며 칭찬을 자주 해주셨지요. 그 덕분에 자라면서 특별히 머리가 좋다고 느낄 일이 없었는데도, 전 계속 제 머리가 좋다고 믿었습니다.

그렇게 믿게 된 계기가 무엇이었는지는 중요하지 않습니다. 아이가 그렇게 믿는다는 게 중요합니다.

머리가 좋다고 칭찬할 기회는 얼마든지 있다

머리가 좋다고 칭찬할 수 있는 포인트는 어디에나 널려 있습니다. 피아노 악보를 잘 외우거나 역 이름을 많이 외우는 아이에게도 머리가 좋다고 칭찬할 수 있지요. 그러니 뭐든 계기만 있다면 "머리가 좋구나!"라고 칭찬할 수 있습니다.

일반적으로 수수께끼의 정답을 잘 맞히면 머리가 좋을 거라고 생각합니다. 그러나 수수께끼를 잘 푸는 것과 머리가 좋은 것은 좀 다릅니다. '머리가 좋다'는 타고나는 거라서 '배운다고 되는 게 아니다'라는 의미를 내포하는 경우가 많거든요.

수수께끼에는 대체로 패턴이 있습니다. 따라서 수수께끼를 잘 풀고 못 풀고의 차이는 그 패턴을 알아냈느냐 알아내지 못했느냐에 달려 있지요. 수수께끼 좀 못 푼다고, 그 아이의 머리가 나쁘다고 생각할 이유가 전혀 없습니다. 그런데도 수수께끼와 머리 좋은 걸 연관시키지요. 이처럼 '머리가 좋다'는 말은 참 편리합니다.

아이에게 "머리가 좋구나"라고 칭찬해서 손해 볼 일은 별로 없습니다. **머리가 좋다는 칭찬을 들은 아이는, 결국 좋은 머리로 나중에 노력하면 해낼 수 있다고 생각할 수 있습니다.** 그래서 지금 상황을 괜찮다고 여기며 도전을 두려워하지 않게 됩니다.

DAY 20

괜찮아,
넌 운이 좋으니까

실패해도
절대 무너지지 않게 하는 말

□ *Check* '나는 머리가 좋다'는 믿음만큼 '나는 운이 좋다'는 믿음도 중요합니다. 제 지인은 어느 날 점쟁이에게 '넌 강한 운을 가진 사람'이라는 말을 들었습니다. 그 사람은 그 이후로 어떤 힘든 일이 있어도 '난 운이 좋으니까!'라고 생각하며 결코 고난에 굴하지 않게 되었지요.

사실 저도 초등학생 시절에 손금을 본 적 있습니다. 그때 "넌 좋은 운을 타고났구나"라는 말을 들었습니다. 막쥔금(감정선과 두뇌선이 하나로 이어진 손금)이 제게 있다더군요. 천하를 손에 넣을 수 있는 손금이라지 뭔가요. 이후로 저는 제 운이 좋다고 믿어왔습니다. 사실, 20대에 원하는 곳에 취업을 하지 못하며 취준생으로 시간을 보냈으니 딱히 좋은 운은 아니었지요. 그런데도 저는 제 운이 좋다는 확신을 계속 품어왔고, 덕분에 각종 실패나 불운을 가뿐히 넘길 수 있었습니다.

다음엔 분명 좋은 일이 있을 거라는 믿음

어떤 사람이 어렸을 때 말에게 걷어차인 적이 있다고 합니다. 다행히 무사했는데, 당시 그의 할머니는 "얘가 참 운이 좋네"라고 했지요. 그런데 말에게 걷어차였다는 건 이미 운이 나쁜 것 아닐까요? 어쨌든 그는 할머니의 말과 자신이 무사했다는 것을 생각하며 '나는 운이 좋아!'라고 생각하게 되었습니다. 이후에도 그의 인생은 운이 좋다고 말하기 힘들 만큼 암울했습니다. 그런데 여기서 포인트는 그가 자신의 처지와는 별개로 '어떤 불행에도 스스로 운이 좋다고 생각했다'는 점입니다.

나쁜 일이 생겼을 때 계속 비관하기보다 '난 운이 좋으니까 다음엔 분명 좋은 일이 생길 거야'라고 생각하게 하는 편이 낫습니다. 적당히 판단력을 갖추기만 했다면, "너는 참 운이 좋아"라는 말로 아이의 자존감을 키워주는 방법을 써보세요.

DAY 21

사소한 건 신경 쓰지 말자. 다 괜찮아질 거야

"

입 밖에 내기만 해도 안심이 되는
격려의 말

□ *Check* 아이가 평소에 자신을 격려하는 말을 하나라도 가지게 해줍니다. 이것은 생각보다 꽤 효과적입니다. "사소한 것은 신경 쓰지 말자", "난 분명 괜찮아"라는 평범한 말도 상관없습니다. 되뇌기만 해도 안심이 되는 말을 가지고 있으면 도움이 됩니다.

입 밖에 내는 것만으로도 안심이 되는 경우를 더 들어볼까요? '나무아미타불' 하고 되뇌는 것만으로 안심이 된다는 사람이 많습니다. 또한, 인생의 고비가 왔을 때 자신의 좌우명을 되뇌이며 마음을 다잡기도 합니다. 입시나 큰 일을 앞두면, 책상 앞에 자신이 감동 받았던 명언을 크게 써붙여 놓기도 합니다.

간단한 행동이라도 자신만의 격려를 해본다

천주교 신자가 십자가 성호를 긋는 것도 '나무아미타불'과 비슷합니다. 그 행동을 하면 안심되고, 자신보다도 더 큰 힘에 나를 맡겨 불안에서 벗어나는 것이지요. 다른 언어를 써보는 방법도 있습니다.

런던 내셔널 시어터라는 극단에서 세미나를 수강한 적이 있습니다. 수업이 끝나고 '판타스틱Fantastic'이라는 말을 들었는데요. 처음에는 그 말을 칭찬으로 여겼습니다. 그런데 알고 보니 정말 잘하는 사람에게는 '엑설런트Excellent'라는 말을 해주더군요. 그제야 '판타스틱'이 나를 격려해주기 위한 표현이었음을 깨달았습니다. 다만, 어느 쪽이든 격려받았다는 것은 사실입니다. '판타스틱'이든 '엑설런트'든 긍정적인 영어 표현을 해주는 것도 좋겠네요.

DAY 22

점수도 중요하지만 충분히 노력했으니 괜찮아

결과만큼
과정도 중요함을 알려줄 때

▢ *Check* 오스트리아의 심리학자 알프레드 아들러는 부모가 아이를 가르치면 대부분 좋은 결과를 내지 못한다고 말했습니다. 부모는 자기 아이를 대할 때 냉정함을 유지할 수 없으며, 어떤 식으로든 흥분하는 일이 종종 생기기 때문입니다.

엄마는 아이가 거둘 결과에 잔뜩 기대했다가 실망하면 부정적인 말을 내뱉게 됩니다.

"그러니까 안 되는 거야."

"그러니까 내가 진작 말했잖아!"

나는 이미 다 알려주었는데 너는 고작 그런 것도 못한다는 식의 나쁜 말이지요. "이대로면 답이 없어!", "쟤는 커서 뭐가 되려고 저래?"라는 식으로, 아이의 미래를 부정하는 말도 절대로 해서는 안 됩니다.

나쁜 화법은 아들러가 말한 '열등 콤플렉스'를 심습니다. 열등 콤플렉스란 간단히 말하면 '누군가에게 뒤떨어진다'라는 열등감이 심해진 상황입니다. 사실 열등감은 누구든 가지고 있습니다. 그러니 열등감 자체를 가지지 않은 아이로 키우기란 어렵습니다.

다만 열등감에 덜 시달리게 해주는 정도는 분명히 할 수 있습니다. 그러려면 평소에 아이에게 "괜찮아"라고 말해줘야 합니다.

아이가 무언가로 실패해서 시무룩해 있을 때도 화법에 유의하세요. **어떤 일에 성공했는지 실패했는지보다는 '경험의 의미'를 생각하게 해줘야 합니다.**

농구 만화《슬램덩크》에는 '져 본 시합은 언젠가 큰 재산이 된다'라는 말이 나옵니다. 우리는 이 말에서 시합에서 졌음을 사실로 받아들이면서도 그 실패에 의미를 부여하는 자세가 중요하다는 교훈을 얻을 수 있습니다.

자신감을 잃지 않도록 하려면

너무 겸손한 자세를 강요하지 않는 것도 중요합니다. 겸손을 미덕으로 생각할 수도 있지만, 한편으로 자신감이 없다는 표현일 수도 있지요. 자신의 평가를 낮추어 실패했을 때 겪을 심리적 방어선을 그어 두는 것입니다.

너무 겸손한 자세만 고집하면 본래 지녀야 할 자신감을 잃습니다. 새로운 것에 도전하고자 하는 의욕도 꺾입니다. 그러면 아이의 성장을 촉진하기가 불가능하겠지요. 실패했을 때 그것을 비웃거나 헐뜯지 않고 도전 자체를 평가하는 분위기를 만들어야 합니다. 아이의 긍정적 마인드를 싹 틔우는 환경을 만들어주면 더 좋겠지요.

예를 들어, 운동을 함께하는 겁니다. 건강한 소통을 하며 멘탈을 강화할 수 있습니다. 탁구나 테니스처럼 상대에게 1점을 빼앗기더라도 바로 만회할 수 있는 운동을 하면 좋습니다. 이를 통해 아이는 실패를 바로 수정하기 위해 어떻게 해야 할지 생각하는 힘을 습관화할 수 있습니다.

2장

'도전→경험→자신감' 성장 사이클 만들기

23~41 DAY

재촉하지 않고
지켜봐주는 시간

기다려 주기

공부에 시동 걸기

DAY 23

서툴러도 돼. 점점 좋아지고 있어

”

'도전 → 경험 → 자신감'
성장 사이클을 만드는 법

□ *Check* 저는 중학교, 고등학교 시절 6년간 아버지와 매일 장기를 두었습니다. 돌이켜보면 전형적인 '엉터리 장기'였지요. 서툴지만 좋아했던 일이라 꾸준히 할 수 있었습니다.

아이가 다양한 놀이 활동에 몰두하는 동안에도 이와 비슷한 시기가 있습니다. '몇 년이 지났는데도 조금도 나아지지 않아. 그래도 재밌는 것 같아'라는 생각이 들 때가 있지요. **비록 실력이 크게 늘지 않더라도 그 시간을 소중히 여겨주어야 합니다.**

한편으로, 어떤 활동에서는 실력이 눈에 띄게 향상되기도 합니다. 그 부분의 변화도 놓치지 않고 지켜봐줘야 아이의 성장을 이룰 수 있습니다.

아이는 도전을 통해 경험하고 그 경험에서 성장되었음을 느끼며 자신감을 갖게 됩니다. 자신감이 붙으면 도전을 거듭하며 새로운 경험을 하고, 한층 더 자신감을 키웁니다. 바람직한 성장 사이클에 오르는 셈이지요.

'난 성장하고 있어!'라는 행복회로 풀가동

만약 자신의 성장을 깨닫지 못하고 있다면 "넌 잘하고 있어!"라고 격려해줘야 합니다. 그래야 성장하는 기쁨을 자각하며, 그 자각은 자신감의 기둥이 됩니다. 생리학 측면에서 말하자면 '난 성장하고 있어!'라는 행복회로를 뇌에 구축해 가는 과정이지요.

기분이 좋아지면 뇌에서는 쾌락 물질로 불리는 도파민이 대량으로 분비됩니다. 그 분비된 감각은 뇌에 남아 다시금 그 감각을 음미하고 싶다고 느낍니다. 쾌락이 '도전하고 싶다'는 의사결정에 영향을 주는 것이지요. 여기서 중요한 점은 그것을 본인이 실감하는 데 있습니다.

DAY 24

지금 네가 있는 위치는 여기쯤이야

아이가 스스로 개선하게 하는
엄마의 코칭법

▢ *Check* 스포츠 코칭에서 사실만을 전하는 방법은 꽤 유용합니다.

"이렇게 해라, 저렇게 해라"라는 식이 아니라, "지금의 네가 있는 위치는 여기야", "기록은 전체 100명 중 12번째 좋았어"라고 객관적인 데이터만을 전해주는 것이지요. 아이는 받아들인 그 정보를 토대로 자신을 개선하면서 다음 단계로 나아갑니다.

코치나 부모가 의견을 절대 말해선 안 된다는 게 아닙니다. 그저 개인적인 소감과 사실을 섞지 말고 의식적으로 분리해 전달하라는 겁니다.

실제로 그 구별이 되지 않아 자신이 무엇을 말하고 있는지 알지 못하는 어른도 많습니다.

자기주도가 가능하게 하는 똑똑한 엄마의 말

투구 연습을 하는 아이에게 "느려! 더 빠르게!"라고 말해 봤자 소용이 없습니다. 구속을 올리려면 자세가 어떠해야 하는지, 그것과 비교하여 지금은 어떠한지 등을 알아야 합니다. "팔꿈치가 내려갔네"라고 사실을 전달해주지 않으면, 자신이 무엇을 잘못하고 있는지 알 수 없습니다.

마라톤을 할 때도 마찬가지입니다. 옆에서 같이 달리는 타임키퍼가 스톱워치를 들고서 "느려!"라고만 한다면, 당신은 '아니, 우선 시간을 알려줘야지!'라고 생각할 겁니다.

제가 테니스 코치로 일했을 때의 일입니다. 한 선수가 항상 공을 아웃시키곤 했지요. 그럴 때마다 저는 그에게 물었습니다.

"지금 얼마나 오버 됐는지 알아?"

그럴 때마다 그 선수는 고개를 갸웃하며 대답했습니다.

"2m 정도요?"

그러면 저는 정확한 사실을 전달했습니다.

"아니, 5m야."

당시 저는 피드백 기능에 충실했지요. 선수는 이런 피드백을 통해 내가 지금 어느 정도인지 깨달았고 자신의 폼을 개선할 수 있었습니다.

이 방법은 무리하게 칭찬하거나 분석할 필요가 없으므로 부담이 적습니다. 코칭으로 해볼 만하지요. 아이 역시 꾸중이 아닌 정확한 사실만 전달받기에 한결 즐겁게 임할 수 있습니다.

Mom's words

"이렇게 해라, 저렇게 해라."

"느려! 더 빨리 해봐."

→ **"네가 있는 위치는 여기야."**

"이번 기록은 전체 100명 중 12번째로 좋았어."

DAY 25

지난 일로 슬퍼할 거 없어. 다음에 더 집중하면 돼

자신에게 지나치게 엄격해서
쉽게 좌절할 때

☐ *Check* 아이가 성실할수록 운동을 할 때 열심히 연습하고 자신에게 엄격합니다. 실패하면 '난 실수투성이야!'라고 생각하며 좌절하기도 쉽고요. 물론, 엄격하게 연습한 건 성장에 필요한 요소입니다. 그러나 자신에게 너무 가혹한 잣대를 적용하면, 성장이 더뎌지고 경기에서 실수하기도 합니다.

1970년대, 테니스 코치인 티머시 골웨이 씨는 자신의 코칭 이론인 '이너 게임'에서 이러한 점을 한데 모아 정리했습니다. 그의 이론에 따르면, 운동할 때 그 사람의 내면에는 '두 명의 자신'이 존재한다고 합니다. 그리고 한 명(머리)이 다른 한 명의 자신(몸)

에게 항상 "이렇게 해!" 혹은 "그럼 안 되잖아!"라고 말을 건다고 합니다. 이러한 마음속 게임(이너 게임)에서 이기는 것이 실제 게임(아웃 게임)에서 이기는 길이라고 하지요.

이너 게임에서 이긴다는 것은 어떤 의미일까요? '머리'에 해당하는 자신은 철저하게 말없이 지켜봐주는 반면, '몸'에 해당하는 자신은 신경 쓰지 않고 쭉 플레이한다는 뜻이 됩니다. 그러려면 지금의 자신이 하는 플레이에 집중해야 합니다.

운동선수가 극도로 긴장하는 중요한 장면에서 최고의 퍼포먼스를 발휘할 수 있는 이유는 다음과 같습니다. 주변 관객들의 시선에 신경 쓰지 않고, '실패하면 다들 나를 비난하겠지…'라는 식으로 생각하지 않고, 눈앞의 경기에 집중하기 때문입니다. 만약 테니스 경기라면, 상대의 공을 되받아친다는 느낌입니다.

자신이 신뢰할 수 있는 느낌은 매일 연습을 통해 뿌리내리는 것입니다. 늘 연습하는 감각을 중요한 시합의 장면에서 재현하는 것이지요.

지나치게 자책하는 아이에게 "이렇게 해라, 저렇게 해라" 식의 명령은 하지 마십시오. 이전 경기 결과에 분노하거나 후회하지 말고 눈앞의 경기에 집중하는 습관을 들여주는 것도 좋겠지요.

DAY 26

네가 포켓몬을 좋아하는 것처럼 엄마는 소설책 읽기를 좋아해

"

아이가 모르는 세계가 있다는 걸
가르쳐주는 말

□ *Check* 아이가 좋아하는 게임을 함께 해보고 가치관을 공유하는 방식도 좋지만, 엄마의 취미에 아이를 끌어들이는 것도 색다른 교육방법이 될 수 있습니다.

예를 들어, 아이와 차를 타고 드라이브하면서 학창 시절에 좋아했던 음악을 함께 들어보는 겁니다. 그러면 아이는 의외로 "이 곡 잘 모르겠지만 좋은걸" 하고 흥미를 보이기도 합니다. 이런 일은 영어를 외우는 데 도움이 된다거나 음악에 대한 이해가 깊어진다는 장점도 있습니다.

특히, 자신이 몰랐던 어른의 세계가 있다는 사실을 깨닫게 하므로 의미가 큽니다. **이렇게 지금까지 없었던 감각이 싹트면, 마음의 폭이 넓어지고 아이와의 관계도 깊어집니다.**

아이에게 다른 세계를 알려주는 엄마의 남다른 즐거움

아이는 엄마 역시 한 명의 독립체이며, '내가 좋아하는 포켓몬에는 관심이 없지만, 이런 음악은 좋아하는구나'라고 이해합니다. 자신과 가장 가까운 어른인 부모님을 먼저 이해하고, 그다음에는 다른 어른을, 나아가 여러 사람을 이해하면서 세상에 나아갑니다. 이렇게 인간을 이해해 갑니다.

아이가 부모님의 취미였던 팝송 등을 들어보면서 자신과 서로 겹치는 부분이 있음을 마음속으로 느낄 수 있게 됩니다. 이렇게 취미를 공유하면, 가치관을 공유하게 되고 사이가 좋아집니다. 아이에게는 무엇이든 맞춰주는 부모님이 언뜻 보면 고마운 존재일 수도 있습니다. 그러나 어른의 취미에 몰두하는 부모님의 모습이 보고 싶기도 합니다. 아이에게는 일요일에 프라모델을 조립하는 데 열중하는 아빠의 모습이 멋지게 비칠 수 있습니다.

DAY 27

시간 약속을 지킨다는 건 뭐든 혼자 할 수 있다는 뜻이야

지각을 해서는 안 된다고
당부하는 게 중요한 이유

▢ *Check* 부모는 아이에게 규칙을 지키는 것에 대한 중요성을 엄격하고 확실하게 가르쳐야 합니다. 사람은 자신이 속한 사회를 아끼면서 자존감을 키워 갑니다. 그러나 거기에는 '자신이 속한 사회와의 약속을 지킨다'라는 전제가 깔려 있습니다.

특히 중요한 것은 시간을 지키는 것입니다. 만화 등을 보면 주인공이 지각을 반복하며 머리를 박박 긁는 장면이 훈훈하게 묘사되곤 합니다. 만화 속 세상이라면 상관없습니다만, 현실에서 그런 행동을 반복한다면 사회에 나갔을 때 고생하게 됩니다.

시간을 지키지 못하는 건 준비가 되지 않았기 때문입니다. 그리고 계획성, 의무감, 책임감, 하기 싫은 것을 끝까지 해내는 인내심이 없다는 뜻이기도 합니다.

엄격함과 자상함을 균형있게 사용해야 한다

어느 기업의 경영자에게 들은 말이 있습니다. 회사의 비리가 늘어나고 도덕적 해이가 나타나는 계기 중 하나는 지각해도 용서받는 분위기가 사내에 만연해지는 것이라더군요.

예전에 타이완에서 열린 소년 야구 세계대회에서 일본과 미국이 맞붙었습니다. 당시 일본 선수들은 전날 밤늦게까지 떠들며 시간을 보냈고, 결승전 당일에 주력 선수 7명이 늦게 일어났습니다. 그러자 대표팀 감독은 7명을 출전선수에서 제외했습니다.

고작 11명의 선수로 미국 팀 18명과 경기를 해야 했던 일본 팀은 당연히 경기에서 졌습니다. 그러나 현지 언론은 감독의 결단을 극찬했습니다.

'승부는 일시적이지만, 품격과 질서야말로 소년에게 중요하다. 타이완도 이를 본받아야 한다'라고요.

규칙을 지키지 않으면 벌이 기다리고 있습니다. 누구의 탓도 아닌 자기 자신의 책임이라는 것을 어렸을 때부터 배우지 않으면 안 됩니다.

아이를 대할 때는 엄격함과 자상함을 제때 사용하도록 주의해야 합니다. 소금과 설탕을 균형 있게 쓰면 요리가 맛있어지듯 아이를 키울 때는 엄격함과 자상함이라는 조미료를 적절히 써야 합니다.

Mom's words

"시간은 모두에게 소중한 거야. 시간 약속은 꼭 지켜야 해."

"규칙을 지킨다는 건 혼자서도 잘할 수 있다는 뜻이야."

DAY 28

먹자, 먹자 아침밥. 하루를 든든하게 시작해볼까?

아침 식사를
포기할 수 없는 이유

□ *Check* 하루의 시작이라고 할 수 있는 아침 식사 시간은 하루를 좌우하는 중요한 순간입니다. 따라서 아침 식사의 중요성을 알려주고 제대로 먹는 습관이 들게 해주면 좋습니다.

어른들도 아침 식사를 거르고 일하면, 도중에 연료가 떨어져 뇌가 제대로 돌아가지 않습니다. 당연히 효율적으로 일할 수 없습니다. 사람의 뇌는 포도당을 에너지원으로 움직입니다. 학교나 직장에서 머리가 멍해진다면 포도당이 부족한 상태로 볼 수 있습니다.

그러니 포도당으로 구성된 탄수화물 식품인 쌀이나 빵, 면류로 아침 먹는 습관을 들여야 합니다. 저는 된장국이나 두부 등을 더해 단백질도 적정량을 꼭 채워줍니다.

외식이란 이벤트가 필요한 순간

아침 식사 이야기가 나왔으니 식사와 가족의 연관성도 알아볼까요? 집안 사정에 따라 부모님의 출근 시간과 아이의 등교 시간이 다를 수 있습니다. 그런 때는 아침 식사 자리에서 아이와 이야기하기 어려울 수밖에 없지요.

이럴 때 외식이라는 카드를 잘 써야 합니다. 외식할 때는 반드시 모두가 같은 테이블에 모여 앉습니다. 외식을 하면 평소보다 대화가 잘 통하고, 가족의 화목을 다지는 데 최적이라고 할 수 있지요.

메뉴를 고르는 시간도 즐거우며, 주문이 끝나고 요리를 기다리는 동안 평소 말할 기회가 적었던 학교나 친구 이야기를 나눌 수도 있습니다. 물론 돈은 좀 들겠지만, 월 2회 정도는 가족 이벤트로 하면 좋습니다. 가족끼리 사이좋게 외식한다는 것은 부모와 아이의 관계가 잘 형성된다는 증거입니다. 외식을 통해 가족 간의 유대를 다져보세요.

DAY 29

오늘 가장 인상적이었던 일을 1분 동안 말해줄래?

시간을 의식하고 말하는 연습이
필요할 때

▢ ***Check*** 제가 대학에서 가르치는 학생들은 졸업 후 중학교나 고등학교 선생님이 되는 경우가 많습니다. 그래서 수업 시간에 발표하는 능력을 길러야 하는데요. '1분 안에 설명하기' 또는 '15초 내로 말하기' 등 항상 시간을 의식하고 말하는 습관을 들여야 하지요.

사람의 집중력에는 한계가 있어 줄줄이 길게 설명해봤자 상대는 귀찮을 뿐입니다. 또, 수업은 45분이나 60분으로 그 범위가 정해져 있으므로 정해진 시간 안에 수업 내용을 효율적으로 전달해야 합니다.

'시간을 의식하고 말하는' 연습을 초등학생 때부터 해두면 좋습니다. 아이에게 주어진 시간을 의식하면서 말할 내용을 우선순위대로 정렬하여 말하는 습관이 들도록 애써주세요. 아이의 미래에 반드시 힘이 될 것입니다.

천천히, 느긋하게 하면 바뀌지 않는다

시간을 제한하는 것이 아이에게 심리적인 압박을 준다는 이유로 부정적으로 생각하는 경우도 있습니다. 그러나 '천천히, 느긋하게' 제한 없이 생각하게 두면 아이가 실제로는 아무것도 생각하지 않는 일이 많습니다. 자유롭게 자랄 수 있도록 지켜봐주는 교육 방식도 물론 좋은데요. 이것이 시간을 무시하라는 뜻은 아닙니다. 초등 저학년 아이의 집중력은 30분 정도 이어진다고 합니다. 그러니 해야 할 숙제가 1시간 정도에 끝내야 하는 분량이라면, 30분마다 끊어 휴식을 취하게 하고, 쉬는 시간에는 과자를 내주는 등 완급을 조절해줘야 합니다.

책상 위에 모래시계나 타이머를 두고 시각적으로 시간을 의식하는 습관을 들이는 방법도 좋습니다. 시간 감각을 피부로 느끼면서 기억할 수 있으니까요.

DAY 30

희한하게 저절로 좋아지고 잘되는 게 뭐야?

아이의 적성을 찾는
마법의 말

□ ***Check*** 아이의 학습 발달은 완만한 언덕을 오르는 것과 같다고 생각하세요. 과부하가 걸리지 않아야 이상적이지요. 만약 부하가 걸리지 않고 쉽게 하는데도 실력이 눈에 띄게 성장한다면 그 분야가 적성에 맞는다는 뜻입니다.

여러 가지 학원과 교육 프로그램이 참 많은데요. 어떤 아이에게는 확실히 효과가 있었다는 경우도 있지만, 어떤 아이에게는 전혀 맞지 않아 관두었다는 경우도 있습니다. 즉, **무엇을 배우게 할지보다는 무엇이 아이의 적성에 맞을지가 더 중요합니다.**

엄마들은 내 아이의 적성에 맞는 것과 맞지 않는 것을 대개 감지할 수 있습니다. 혹시라도 적응을 못하면 '이건 우리 애 적성에 안 맞나 보다'라고 편하게 생각하세요. 그리고 새로 도전할 기회를 마련해주세요. 이런 엄마의 마음가짐 역시 아이의 자존감을 키워줄 수 있습니다.

적성의 판단 기준은 스트레스와 향상 속도

아이의 적성에 맞는지를 판단하는 포인트는 주로 두 가지입니다. 하나는 '오래 이어서 할 수 있느냐'입니다. 일단 오래 한다는 건 아이가 스트레스를 받고 있지 않다는 뜻입니다.

예를 들어, 아이에게 "이제 자야지"라고 해도 동물도감을 계속 읽고 싶어 한다면, 그 분야가 적성에 맞을 가능성이 크지요. 스트레스를 받지 않고 그 일에 온전히 몰두할 수 있다는 거니까요.

또 다른 하나는 '실력이 빠르게 향상하느냐'입니다. 시간을 많이 들이지 않았는데도 계산 능력이 좋아졌다면, 계산과 관련된 일이 적성에 맞을 가능성이 높습니다.

적성에 맞는 것과 맞지 않는 것은 그 자체로 재능이라고도 할 수 있습니다. 그것을 알아내 아이의 성장을 도와주어야 합니다.

DAY 31

네가 정말 무엇을 좋아하는지 한번 도전해볼까?

다양한 경험으로

아이가 직접 깨닫는 것이 포인트

▢ *Check* 20대 초반인 축구선수 구보 다케후사 씨는 8살 때 바르셀로나로 갔습니다. 다케후사 씨는 당시 초등학생이었지만 '축구에 내 인생을 바칠 거야!'라고 인생의 목표를 정했다고 합니다. 그런데 이처럼 어린 나이에 자신의 진로를 정하는 사람은 상당히 드뭅니다. 세상에는 자신의 적성을 잘 모르는 사람이 의외로 많습니다. 어른도 마찬가지지요.

적성을 찾을 때 중요한 것은 먼저 좋아하는 일을 만나는 것입니다. 선택지가 적은 상황이었는데, 나는 재능이 없다는 식으로 단정짓게 두지 마세요. 아이의 시선을 밖으로 돌려 이 일을 좋아하는지, 싫어하는지 같은 단순한 조건에서 그 일에 접근하도록 해주세요. 그때 엄마의 역할이 중요합니다. 여러 경험 사이의 접점, 즉 만남의 기회를 늘려줘야 합니다.

단순히 하는 것을 뛰어넘어 '시험'에도 도전해본다

제 어릴 적 경험을 말씀드리겠습니다. 저는 이모에게 피아노를 배웠는데요. 어느 단계에 들어서자 벽에 부딪히고 말았습니다. 무슨 수를 써도 그 벽을 넘지 못할 것 같았습니다. 그런데 제가 그걸로 괴롭고 힘들었냐고 물으신다면 그렇지는 않습니다. 당시 제게는 피아노뿐 아니라 야구나 축구를 즐기는 시간도 많았거든요.

당시 부모님이 "너는 피아노만 쳐야 해!"라고 선택지를 제한했다면, 저는 정말 괴롭고 힘든 나날을 보냈을 겁니다.

아이가 그런 괴로움을 겪지 않도록 한 가지 방법을 제안합니다. 흥미를 느끼는 10가지 정도의 학습 활동을 시험삼아 해보는 것입니다. 그리고 어느 정도 해본 시점에는 5가지 정도로 추리고요. 그다음에는 한 달 정도 계속하고 싶어 하는 것 3가지를 뽑아

냅니다.

이런 과정을 거치면서 **아이는 '무엇이 내 적성에 맞을까?'보다 '난 무엇을 좋아할까?'를 자연스럽게 깨닫게 됩니다.** 물론 여러 가지를 한꺼번에 배우게 하려면 돈이 들지요. 무조건 비싼 학원이 아니라, 준비해줄 수 있는 여건 내에서 대체 가능한 활동을 몇 가지 경험하게 해주세요.

Mom's words

"너는 공부만 해야 돼."

"너는 피아노만 쳐야 돼."

→ **"공부도 하고, 피아노도 치고, 축구도 해봐."**

"네 적성이 뭔지 함께 찾아보자."

DAY 32

하루에 할 수 있는 게임 시간을 같이 정해두자

게임에 빠진 아이를
주의시켜야 할 때

▢ *Check* "게임은 무조건 안 돼!"

이렇게 윽박지르며 못하게 하는 엄마도 있을 겁니다. 금지까지는 아니더라도, 게임은 아이에게 좋지 않다는 이미지가 강하기 때문에 꺼림칙한 기분으로 게임을 하게 해주는 엄마도 많을 텐데요. 요즘엔 게임을 부정적으로 인식하는 분위기가 서서히 바뀌어 가는 느낌이 듭니다. 게임을 할 때 "숙제를 하고 나면 해도 돼", "하루에 1시간까지야" 등 규칙을 정해주면 자주성과 계획성을 이해하게 되고, 숙제하는 동안에 집중력이 높아졌다는 엄마들도 있습니다.

게임을 무조건 금지하지 말고 활용하자

게임 중에는 머리를 써서 추리를 즐기는 게임, 계산으로 수학을 즐길 수 있는 게임, 세계사 지식을 담고 있는 게임처럼 정말 다양한 게임들이 있는데요. 그런 게임을 아이와 함께 해본다면 공부가 되는 것은 물론이고, 서로 같은 시간을 보낼 수 있어 친밀도도 높아집니다.

게임을 할 때는 과격하거나 위험한 것은 피해야 하며, 게임 중독이 되지 않도록 가족 간에 소통하면서 게임을 즐겨야 합니다. 게임은 가족 간의 대화를 늘릴 수 있는 좋은 수단이 될 수도 있습니다.

처음으로 TV가 등장했을 때만 해도 TV를 보면 바보가 된다는 말이 있었습니다. 그러나 TV도 게임도 그저 도구일 뿐입니다. 도구란 시대 속에서 사회적 역할로 자리잡아 적절한 위치에 정착한 것입니다. 무조건 게임을 적대시만 하지 말고, 부모와 아이가 시간을 공유할 수 있는 도구로 활용해보면 어떨까요?

DAY 33

문제집 푸는 게 10배나 쉬워지는 방법이 있지

”

문제집 자체가 싫다는 생각이
없어지는 마법의 말

▢ *Check* “이걸 전부 다 풀어야 해?”

새로 산 문제집과 마주했을 때 아이들은 시작도 하기 전부터 부담스러워 합니다. 문제집 대하는 법을 아직 잘 모르기 때문인데요. 문제집 푸는 데도 요령이 있다는 점을 알면, 한결 부담이 덜어질 것입니다. 문제집 대하는 요령을 4주로 나누어 알려드리겠습니다.

우선 문제집은 가능한 얇은 것을 골라주세요. 그런 다음에 처음에는 답을 보지 말고 아이 스스로 풀어보게 합니다. 이때 스톱워치 등으로 시간을 재면서 한 문제당 제한시간을 두세요. 풀지 못한 문제는 해답과 해설을 보고 이해하도록 하고, 빨간 동그라미로 표시한 뒤 다음 문제로 넘어갑니다. 이렇게 첫째 주는 풀 수 있는 문제와 풀 수 없는 문제를 구분하는 작업을 합니다.

둘째 주에 들어서면, 빨간 동그라미로 표시한 문제만 풀게 합니다. 지난주에 답을 봤지만, 답이 기억나지 않는 문제도 당연히 나올 겁니다. 그런 문제는 파란 동그라미로 표시한 뒤 넘어가게 하세요.

이런 식으로 셋째 주, 넷째 주 동안 문제집 풀기를 반복하면, 못 푸는 문제가 점점 줄어들 수밖에 없습니다. 머지않아 아이의 머릿속에 한 권의 문제집이 들어오겠지요.

문제집의 수확 시기는 4~5주 후라고 생각하세요.

문제집 한 권을 4~5회 반복해 풀며 자신감을 높이는 법

제가 말씀드린 방법대로 문제집을 풀다 보면, 아이는 문제집을 좀 편하게 생각하게 됩니다. 어떤 문제집과 마주해도 스트레스가 생기지 않지요. 반복이라는 경험치가 자신감과 확신을 심어준 것입니다. 이 비법은 머리가 좋다는 말을 듣는 학생이 제게 알려준 방법입니다.

똑똑한 학생들은 자신의 머리가 좋다고 자신감을 가지기보다 '이렇게 하면 외울 수 있다', '이렇게 하면 머리가 좋아진다' 등 공부했던 경험을 통해 자신의 성적을 올린 것입니다.

만일 자녀가 문제집과 씨름하고 있다면 이 방법을 활용해보세요. 엄마는 그저 "지금 몇 주째야?"라고 물어보는 것만으로도 아이의 상황을 어느 정도 파악할 수 있습니다. 꼭 해보세요. 성적이 올라갑니다.

DAY 34

얇은 것도 좋으니 끝까지 풀어보자

”

엉덩이 붙이고
공부하게 하는 말

□ *Check* 문제집을 고를 때는 크게 두 가지를 고려하세요.

첫째, 해설이 최대한 친절하게 쓰여 있어서 답이 나온 이유를 쉽게 알 수 있어야 합니다. 집에서 혼자 공부할 때 잘 모르는 문제가 나온다면 해설을 보고 스스로 이해해야 하니까요.

문제집 중에는 답만 표시되어 있고 해설이 없는 것도 있습니다. 그러면 문제집을 풀어도 답을 이해하기 어려워집니다. 왜 이런 답이 나오는지 풀이 과정을 알 수 없기에 계속 그 문제에 발이 묶여 둘째 주 과정으로 원활히 넘어날 수 없으니 주의해야 합니다.

중요한 건 '두께 = 양'이 아니라 한 권을 완벽히 떼는 것

둘째, 문제집은 가능한 얇은 것으로 고르세요. 비교적 쉽게 뗄 수 있는 분량의 문제집을 고르라는 것입니다. 못하는 과목인데 문제집이 두꺼우면 처음부터 좌절하고 맙니다. 두꺼운 것을 여러 권 사서 풀지도 못하고 쌓아만 두는 것보다는 얇은 문제집 한 권을 완벽히 떼는 편이 더 좋습니다.

문제집은 학습 과정에 따라 만들어집니다. 문제집의 두께가 두껍다고 배워야 할 내용이 많이 들어가고, 얇다고 적게 들어가는 게 아닙니다. 문제 수에서 차이가 나지요.

항상 중간까지도 못 푼 문제집이 책장에 가득하던 아이가 한 권을 완벽하게 끝낸다면, 그 아이에게는 어떤 변화가 있을까요? 당연히 아이는 뿌듯함을 느낄 것이고, 그것이 자신감과 자존감으로 이어집니다. 나아가 다른 문제집을 풀고자 하는 강한 학습 의욕이 생겨납니다. 똑똑한 학생들에게 공부를 좋아하게 된 계기를 물어보면 똑같은 대답을 합니다.

"해법을 찾아냈을 때의 쾌감이 좋았어요."

"문제집을 여러 권 풀어 나갈수록 성취감이 생기고 신 났어요."

소소한 성취감이 생기면서 공부를 좋아하게 된 것입니다.

DAY 35

지금 본 애니메이션을 15초 동안 설명해줄래?

”

스스로 잘못을 깨닫고
고칠 줄 아는 아이로 키우는 법

□ *Check* 어린 아이는 말할 때 "어, 그러니까"라든지 "으음" 같은 의미 없는 말을 중간에 끼워 넣지 않으면 말을 제대로 이어 가지 못합니다.

어릴 때야 상관없지만, 어른이 되어서도 이런 습관이 남아 있으면 곤란합니다. 5분 프레젠테이션을 할 때 "어어…"라는 말로 30초 넘는 시간을 쓰면 상당한 시간 낭비가 되니까요. 당연히 능력 면에서도 마이너스 평가를 받겠지요.

이런 습관을 개선하는 방법 하나를 알려드리겠습니다. 함께 애니메이션 영화를 본 뒤, 스톱워치를 준비해서 아이에게 제안

해보세요.

“아까 본 애니메이션에서 어떤 점이 재미있었는지 15초 동안만 이야기해볼까?”

물론 잘 말하는 아이도 있겠지만, 보통은 “어, 그러니까” 혹은 “음…”이라고 반복하다가 15초를 다 써 버리기도 할 겁니다.

처음부터 잘할 수는 없습니다. 적어도 15초라는 시간이 의외로 길다는 사실, 즉 시간을 의식하도록 하는 게 포인트입니다.

자기 개선이 가능한 아이는 이미 보통을 뛰어넘는 ‘완성형’

아이가 15초 동안 “어어…”라는 말을 몇 번 했는지 세어보세요. 그리고 사실대로 횟수를 전달해주고 다시 15초간 이야기하게 합니다. 이 과정을 반복하면 “어어…”라고 말하는 횟수가 눈에 띄게 줄어듭니다. 자기 개선 회로가 작용하기 때문입니다.

자기 개선이란 부모님이 아무것도 해주지 않아도 스스로 생각해서 해내는 능력입니다. 자신의 실수를 인지하고 고치는 아이는 이제 크게 걱정할 필요가 없습니다. 아이가 알아서 궤도 수정을 한다면, 그것이 대단한 능력임을 알려줘야 합니다.

"대단하네, 혼자서도 이렇게 고치고 말이야."

아이가 잘한 점은 충분히 칭찬해줘야 합니다. 아이는 무의식 중에 자기 개선을 하는 경우가 많아서, 부모의 피드백이 제때 주어지지 않으면 자신이 잘했는지 제대로 인지할 수 없기 때문입니다.

어떤 의미에서 **엄마는 아이의 치어 리더이자 타임 키퍼입니다.** 적당한 거리를 유지한 채 지켜보면서 사실 그대로의 상태를 알려주세요. 아이의 실력이 향상되면 확실하게 칭찬도 해주시고요.

DAY 36

새로 다닐 수학 학원은 네가 결정해

아이가 선택한 학원 vs.
엄마가 선택한 학원

□ ***Check*** 아이가 학원이나 과외를 그만두고 싶다고 할 때가 있을 겁니다. 그때 엄마들은 고민에 빠지지요. 아이의 의사를 존중해서 "그만해도 괜찮아"라고 말해줘야 할지, 아니면 "그래도 끝까지 해야지"라고 하며 계속 시켜야 할지 말입니다.

물론 정답은 없습니다. 하지만 한 가지 분명한 사실은 있습니다. 아이의 의사를 존중한다는 핑계로 원하는 대로만 해준다면, 어떤 일도 끝까지 해내는 습관을 들이지 못할 겁니다.

이런 상황을 막기 위해서는 우선 아이에게 선택권을 주어야 합니다. 관심을 보이는 학습 활동이 3가지 정도 있다면 그중 무엇을 배울지 스스로 결정하게 하는 거지요. 그렇게 하면 아이가 도중에 그만두고 싶다고 해도 이렇게 조언해줄 수 있습니다.

"그래, 네 뜻은 잘 알겠어. 하지만 이건 네가 하고 싶어서 하기로 한 거잖아? 그러니 한 달만 더 해보는 게 어떨까?"

이런 대화를 통해 아이는 자신이 선택한 길에는 의무와 책임이 따른다는 사실을 배울 수 있습니다.

아이가 선택한 학원 vs. 엄마가 선택한 학원. 어느 쪽으로 결정해야 할지 알겠지요?

지킬 수 있는 학습 계획을 스스로 세우게 한다

수업이나 학원 스케줄을 아이가 직접 세우게 하는 것은 주체성과 자립심을 키우는 방법입니다. 물론 불안하겠지요. 그러나 때로는 간섭을 멈춘 채 한 발 떨어진 곳에서 지켜봐주는 것도 중요합니다. 혼자만의 시간을 가지고 집중하는 동안 자립심을 키울 수 있기 때문이지요. 당연히 자기가 세운 계획이니 책임도 뒤따릅니다.

예를 들어, 아이가 피아노 발표회에 나간다면 어떤 일정으로 진행하고 싶은지, 목표를 어디에 둘지 등을 스스로 결정하도록 해보세요. 그리고 계획표를 만들어 눈에 보이는 곳에 붙여 둡니다. 계획표 옆에 체크 박스를 만들어 성과가 나오고 있는지도 점검할 수 있도록 하세요. 체크 박스라는 간단한 요소 하나만으로도 스스로 판단하고 개선하는 습관을 만들 수 있습니다.

엄마가 지나치게 간섭하지 않고 거리를 유지하며 지켜봐주는 것이 포인트입니다.

DAY 37

먼저 어느 부분이 자신 없는지를 알아보자

❞

자존감 낮은 아이에게
자기 객관화로 자신감 주는 법

▢ *Check* 자존감이 낮은, 즉 모든 일을 비관적으로 보는 사람이 있습니다. 그런 성격은 '진중하다'라고 바꿔 말할 수도 있는데요. 나쁘기만 한 게 아닙니다. 현실을 비관적으로 보기에 오히려 모든 일을 진중하게 처리할 수 있거든요. 또한, 현실을 비관적으로 보는 동안 자신이 처한 상황을 객관적으로 보는 능력이 활성화됩니다.

이건 메타 인지(현실을 객관적으로 보고 냉정하게 판단할 수 있는 능력)와도 연결되는 중요한 능력입니다. 자신을 객관화하는 힘이 부족하면 '무조건 괜찮아'라는 마음으로 행동하기 쉽습니다. 만약 시험을 쳐야 하는데, 자신의 부족한 부분을 모르고 학습계획도 없이 시험을 친다고 생각해보세요. 당연히 좋은 성적이 나올 수가 없을 겁니다.

그럴 바에는 '잘 안 될지도 몰라'라는 비관적인 생각을 조금은 하는 편이 나을 수도 있습니다. 비관적인 만큼 자신의 현재 부족한 점을 잘 파악할 수 있으니까요. 물론, 중요한 건 객관화 이후에 힘을 내서 행동해야 된다는 점입니다. 그러면 정확한 판단에 근거해 더 공들여 시험을 준비할 테고, 그만큼 합격할 가능성이 더 커질 겁니다.

실제로 메타 인지를 제대로 활용할 줄 아는 아이는 자기 객관화를 잘합니다. '현실을 볼 줄 안다'라는 점에서 사회적 신뢰를 얻기 쉽습니다. 그러므로 비관적인 시각이 마냥 나쁜 것이 아님을 분명히 알아야 합니다.

이 사실을 아이에게 알려주고, 조금만 관점을 다르게 생각해보자고 말해줍니다. **계속 엄마의 긍정적인 말을 듣다 보면, 자신에게 특별한 능력이 있다고 믿게 될 것입니다.**

자존감과 메타 인지
구분해서 응원해준다

자존감과 메타 인지는 어떤 상관이 있을까요?

자존감만 높고 메타 인지가 낮은 사람은 '나니까 괜찮아!'라고 생각하다가 실패하곤 합니다. 따라서 자존감과 메타 인지 능력을 다 갖춘 사람이 가장 이상적인 상태인데요.

자존감과 메타 인지의 차이는, 자기 객관화 후에 어떻게 행동하는지를 보면 쉽게 구별할 수 있습니다. 자존감이 낮아서 비관적이면 적극적으로 도전하진 못할 테고, 메타 인지가 높아서 냉정하게 분석한다면 자신의 능력을 키우기 위해 더 분발할 테니까요. 어느 경우이든, 엄마는 옆에서 아이가 올바로 행동할 수 있도록 응원해주는 일을 해야 됩니다.

DAY 38

다른 건 몰라도
방청소 하나는 정말 잘해

"이건 내가 최고"라고
자신감 주는 엄마의 말 기술

▢ *Check* 아이가 사소한 것이라도, 뭐든 한 분야는 자신이 있다고 생각하게 하면 좋습니다. 자신감은 자존감을 높이는 데 중요한 역할을 합니다. 자신감이 붙으면 무언가에 도전하기 쉬워지며, 기회 또한 늘어납니다.

운동 경기에서 '할 수 있다'라는 정신으로 임하면 자신보다 실력이 뛰어난 선수를 상대로 승리를 거두기도 합니다. 반대로, '이길 수 있을 리가 없잖아'라고 생각하면 당연히 이길 승부에서도 질 수밖에 없습니다.

그러므로 어떻게든 아이가 자신감을 가질 수 있도록 이끌어줘야 합니다.

"뭐든 자신감 넘치는 사람이 더 잘하던데."

이런 말을 해보는 것도 좋습니다. 자신감이 생기면 인기도 따라온다고 덧붙여주세요.

자신감이 넘친다고 인기가 많으란 법은 없지만, 매사에 자신감이 없는 사람이 인기 있는 경우는 없지요. **무언가 한 가지라도 자신감이 있는 사람에게는 사람을 끌어당기는 매력이 있습니다.** 그러니 아이가 자랑스럽게 내세울 수 있는 특기를 하나쯤은 가질 수 있게 도와줍니다.

"천재네!"라는 한마디로 키우자

아이의 강점을 발견했다면 그것을 계속해서 키워주세요. 메모나 노트 정리를 잘한다면, 메모나 노트를 활용해 성적을 올리는 것을 목표로 삼아도 좋겠지요. 요요를 잘한다면 당분간은 요요에 집중하도록 하는 것도 괜찮습니다.

그 외에 외발자전거, 훌라후프 등에 재능을 보일 수도 있습니다. 어쨌든 특기를 발견했다면, "와, 대단하다. 너는 천재인 것 같아!"라고 한껏 과장되게 칭찬해주세요. 다른 사람과 만날 기회가 있다면 아이가 상대방에게 자신의 특기를 어필하게 하는 것도 좋습니다.

초등학교 시절, 줄넘기에 올인하던 친구가 있었습니다. 적어도 줄넘기만은 누구에게도 지지 않겠다는 집념으로 연습에 연습을 거듭하더니 학년 전체 1위가 되기도 했지요.

'적어도 이것만은 내가 최고!'라고 할 수 있는 특기 한 가지만으로도 아이의 자신감이 달라집니다. 주의 깊게 아이의 강점을 찾아봐주세요.

DAY 39

오늘 하루 재미있었어? "그냥 그래"라는 대답은 안 돼

99

아이에게 생길 사고를
사전에 방지하는 말

□ *Check* 불행하게도 아이와 관련된 문제를 해결할 수 있는 때를 놓쳐 버리는 경우가 있습니다. 그런 사태를 막으려면 아이의 상황 및 아이가 무엇을 생각하고 있는지 파악해 둘 필요가 있습니다.

가장 실천하기 쉬운 방법은 학교에서 돌아온 아이에게 일상생활과 관련된 질문을 매일 던지는 것입니다.

"오늘 수업 분위기는 어땠어?"

"요즘 과학시간에 다들 준비물은 챙겨오니?"

이처럼 대답하기 쉬운 질문을 몇 가지 준비해서 꼭 물어보세요. 별다른 일이 없다면 묻는 말에 잘 대답해줄 겁니다. 그러나 무언가 내키지 않는 점이나 곤란한 일이 있다면 우물거리며 대답을 회피하겠지요. 아이의 태도가 어딘가 어색하고 이상하다면 학교에서 무슨 안 좋은 일이 생겼는지 잘 살펴야 합니다. 이런 습관을 들이면, 아이에게 문제가 생겼더라도 더 일이 커지기 전에 알아챌 수 있습니다.

"그냥 그래"라는 대답은 안 된다고 미리 정해 놓는다

아이에게 질문할 때 "그냥 그래", "딱히" 같은 대답은 안 된다는 규칙을 정해 놓으세요. 그런 대답은 대화를 흐지부지 끝내려는 의도이고, 아무것도 말하지 않는 것과 마찬가지이기 때문입니다. 아이의 변화를 알아챌 수 있는 단서도 사라져 버립니다.

예를 들어, 이런 식의 대화를 전개해볼까요? 아이에게 우선 질문을 던져보세요.

"오늘 수업 재미있었어?"

그때 "딱히…"라며 심드렁하게 대꾸했다고 합시다. 그럼 이렇게 말해보는 겁니다.

"우리 이렇게 한번 생각해볼까? 네가 학교에서 아주 재미있는 일이 있었어. 그걸 이야기해주려고 막 달려와서 나한테 그 이야기를 하려는데, 내가 '뭐, 딱히'라고 하면서 듣고 싶어 하지 않으면 기분이 어때? 이야기 하고 싶은 마음이 쏙 들어가겠지? 하지만 내가 '와, 대체 무슨 일이야? 너무 듣고 싶다!'라고 하면 어때? 당연히 신 나서 막 이야기해주고 싶어지지? 그러니까 너도 내가 묻는 말에 제대로 답해주면 좋겠어. 그렇게 해줄 수 있을까?"

초등학교 저학년 때부터 이렇게 가르치면 좋습니다. 이때 길게 말하라고 강요하지는 마세요.

"체육 시간에 배구를 했는데 말이야. 재미있었어"라고 간단히 대답해도 상관없습니다. 대화를 나누는 자체로도 아이의 커뮤니케이션 능력은 향상되니까요.

"이 영화 어땠어?"라고 물었을 때 "그냥 그래", "딱히"라고 답하는 사람과 더는 이야기하고 싶지 않을 겁니다. 물어본 자신이 한심하게 느껴지니까요. 자신의 아이가 앞으로 그런 사람이 되길 바라는 부모는 없을 테고요. **아이의 미래를 생각해서라도 질문에 구체적으로 대답하는 습관을 들여주세요.**

DAY 40

한 개라도 신 나는 일이 있다면 날짜에 동그라미를 쳐보자

단순히 원 그리기로
아이 상태를 판단하는 법

□ *Check* 아이가 어리면 하루 동안의 일을 자세하게 말하기를 어려워합니다. 그럴 때는 그림이나 동작으로 자신의 상태를 알리는 습관이 들도록 해주세요.

소설가인 무코다 구니코 씨는 〈글자가 없는 엽서〉라는 수필에서 아버지와 함께한 추억을 이야기하고 있습니다. 2차 대전 중에 그녀의 막냇동생(당시 초등학교 1학년)은 대도시에서 시골로 피난을 갔습니다. 당시 그녀의 아버지는 막내딸이 떠나 있는 동안 근황을 알 길이 없어 근심이 깊었습니다. 막내딸은 아직 어려서 글자를 쓰는 데 서툴렀거든요. 그래서 아버지는 막내딸이 떠날 때

수신인 주소를 미리 써 둔 엽서를 잔뜩 주면서, 건강히 잘 지낸다면 동그라미를 그려서 보내라는 당부를 했다고 합니다.

시골로 떠난 막내딸은 매일 동그라미를 그려 엽서를 보냈습니다. 그런데 처음에는 커다랗던 동그라미가 점점 작아지더니 얼마 지나지 않아 X자가 되었습니다. 이윽고 X 표시가 그려진 엽서도 오지 않게 되었고요. 알고 보니 백일해에 걸려 몸 상태가 좋지 않았던 거지요. 이후 막내딸이 백일해 후유증으로 온통 머리가 하얘진 채 집으로 돌아왔고, 그녀의 아버지는 맨발로 뛰쳐나와 막내딸을 끌어안으며 큰 소리로 울었다고 합니다.

저는 이 이야기를 읽었을 때 참 현명한 아버지라고 생각했습니다. 엽서에 그려진 동그라미의 크기, 그리고 '동그라미인가 X자인가'라는 것으로 아이의 상태를 파악하고자 했으니 말입니다.

이 이야기를 응용해보면 어떨까요? 달력의 날짜에 X자를 표시하는 역할을 아이에게 맡겨보아도 좋겠지요. 단순히 X자를 그릴 때도 그날의 감정이 나타날 테니까요. 항상 바르게 그리다가 어떤 날은 엉성하게 그려 놓기도 할 겁니다. 이런 것들만 잘 관찰해도 아이가 어떤 상황인지 판단할 수 있습니다. "다녀왔습니다"라는 인사에서도 아이의 기분을 알아챌 수 있듯이요.

DAY 41

이번엔 일주일이나 미리 시험 공부를 시작했네

'혼내기'보다
어려운 '칭찬하기'의 기술

□ *Check* 아이의 자존감을 높이려면 칭찬을 잘해주는 것이 중요합니다. 그런데 많은 엄마들이 아이의 자존감이 중요하다고 생각은 하지만, 혼내기보다 칭찬하기가 어렵다고 말합니다.

철학자 프리드리히 니체는 《차라투스트라는 이렇게 말했다》에서 '평가는 창조다'라는 말을 썼습니다. 무언가 평가를 하기 위해서는 창의적인 감각이 필요하다는 뜻이지요. 실제로 칭찬을 잘하는 엄마들을 보면 전혀 생각하지도 못한 포인트를 절묘하게 잡아내어 딱 들어맞는 말로 아이를 칭찬합니다.

합창 연습을 하는 아이에게 단순히 "잘하네"라는 칭찬은 그리

큰 효과를 내지 못합니다. 마음에 와닿는 바가 없으니까요. 물론 안 하는 것보다 낫지만 좀더 창의력을 발휘해보세요.

"와, 넌 표현력이 참 좋구나!"

"전보다 목소리가 더 잘 나오네."

"호흡 조절을 아주 잘하는걸."

아이의 마음에 와닿는 칭찬을 할 수 있도록 연습하세요.

좋은 칭찬은 성장 포인트를 발굴하는 것과 같다

농구의 꽃이라고 할 만한 기술이라면 단연 3점 슛이 있는데요. 이 점수가 채택되기 전에는 아무리 멀리서 던져도 2점짜리 슛이었습니다. 그래서 저는 3점 슛이 멀리서 슛을 했다는 것을 좀더 칭찬하고자 만든 새로운 '칭찬 규칙'이라고 생각합니다.

지금까지 보이지 않았던 것을 평가하면서 비로소 보이는 것이 있습니다. 부모 또한 그렇게 해야 합니다. **타인이라면 알아채지 못하는 아이의 성장 포인트를 발굴해주어야 하지요.** 그런 대화는 부모와 아이의 신뢰 관계를 구축하는 중요한 시간이라는 사실을 잘 알아야 합니다. 그런 의미에서 성장하는 과정을 부모와 아이가 공유할 수 있는 학습 활동을 한 가지라도 해보는 편이 좋습니다.

덧붙여 칭찬하는 법 요령 3가지를 추천합니다. 그 요령은 바로 웃는 얼굴, 박수, 칭찬 포인트입니다.

첫 번째, 중요한 것은 웃는 얼굴입니다. 부모의 웃는 얼굴이 아이에게 주는 영향은 셀 수 없을 정도로 많습니다. 웃음이 끊이지 않는 가정에서 자란 아이는 일상에서 긴장감을 강요받지 않기에 늘 자연스럽고 유연합니다. 그리고 마음에서 우러난 웃는 얼굴로 칭찬 받으면 아이에게 그것만큼 기쁜 일이 없습니다.

두 번째, 박수를 보내거나 양손을 쓰는 등의 보디랭귀지를 "대단해! 정말 멋져"와 같은 칭찬과 함께하면, 아이는 부모님이 진심으로 기뻐해준다고 생각해 더 감사한 마음을 가집니다.

세 번째, 칭찬해야 하는 포인트 역시 중요합니다. 아이는 칭찬받으면 그 점이 중요하다고 인식해 칭찬받은 행동을 반복하려고 합니다. 그러니 막연하지 않도록 딱 집어 칭찬을 해주는 게 좋습니다. 축구로 예를 들면, 그 경기만을 칭찬하지 말고 아래와 같이 좀더 칭찬의 범위를 넓혀보세요.

"너는 정말 구기 종목에 재능이 있구나!"

"전부터 생각한 건데, 너는 팀플레이의 중요성을 잘 아는 듯해."

그러면 아이는 그것을 자신의 성향으로 인식하며 다음 단계로 발전합니다.

3장

동기부여 확실하게 해주는 엄마의 말

42~68 DAY

공부가 중요함을
깨닫게 하는 시간

동기부여	공부는 배신하지 않는다

DAY 42

만약 네가 주인공이라면 어떻게 할 것 같아?

아이와 함께
성공의 기쁨을 누리는 법

▢ ***Check*** 아이가 어떤 성공을 실감하게 되면, '뇌'는 누구의 성공인지와 상관없이 그것을 실제라고 생각합니다. 아이와 함께 다양한 성공 이야기를 찾아보세요.

온갖 고난을 극복한 뒤 성공의 기쁨을 누리는 이야기가 담긴 동화책, 애니메이션, 만화 등을 함께 공유하면 이런 성공의 즐거움을 느낄 수 있습니다. 줄거리는 일반적으로 고난에 직면한 주인공이 힘겨운 훈련을 반복해 기술이나 비법 등을 터득하는 것이 기본 포맷입니다. 그 흐름은 아이가 무언가를 익히는 것과 비슷합니다.

어려움을 극복한 주인공과 동일시 하는 질문을 던진다

부모와 아이가 함께 만화를 읽거나 게임을 하며 내용을 공유합니다.

"그때 주인공은 정말 최선을 다했지."

"네가 주인공이라면 어떻게 했을 것 같아?"

사소한 사건이라도 화제로 삼아 이야기를 나눠보세요. **고난에서 성공으로 이어지는 주인공의 여정을 따라가며 성취의 쾌감을 제대로 느껴볼 수 있습니다.** 그것만으로도 '무언가에 도전하고 싶다는' 의욕을 품게 됩니다. 도전 중에 힘든 일이 생겨도 '나도 주인공처럼 극복할 수 있어'라고 긍정적으로 받아들일 수 있고요.

도전하고 싶은 마음이 생겼을 때는 자전거로 치면 앞으로 나아가는 상태입니다. 자전거는 전진하는 동안 안정적이며 넘어질 걱정이 없지요. 저는 아이의 마음이 늘 그런 상태였으면 합니다.

낚시나 캠핑도 좋습니다. 작은 성공 경험을 주는 것이라면 뭐든 함께하세요.

DAY 43

마음에 드는 작품을
3개만 골라볼래?

아이의 창의력을
키워주고 싶을 때

□ ***Check*** 창의력을 키우고 싶을 때는 미술관 방문을 추천합니다. 정서를 풍요롭게 하고 창조성을 키울 수 있는 예술의 힘은 위대합니다. 하지만 예술의 즐거움을 느끼지 못하는 경우도 많습니다. 그때는 우선 미술관에 가서 아이가 좋아하는 스타일의 그림을 직접 골라보게 하는 것이 좋습니다.

최근에는 인터넷으로 감상할 수 있는 전시회도 많으니 그것을 이용해도 좋지만, 가능한 미술관이라는 공간에 직접 가기를 권합니다. 분위기를 피부로 느끼며 감상해야 뇌에 선명하고 강렬한 자극으로 새겨지기 때문입니다.

미술관에 갔을 때 얻게 되는 효과

아직 예술 작품을 보는 눈이 길러지지 않은 아이가 작품을 보며 감동하기를 바라는 것은 욕심입니다. 그때는 이렇게 제안해 보세요.

"넌 어떤 작품이 마음에 들어? 3개만 골라볼까?"

"돌아가는 길에 기념품점에서 마음에 들었던 그림이 그려진 티셔츠를 사줄게."

저렴한 클리어 파일도 괜찮습니다. 그런 소소한 제안만 해도, 아이는 진지하게 그림을 고릅니다. 그리고 고른다는 행위는 마음속 호기심이나 감동을 최대한 활성화하는 상태입니다. "어떻게 골라야 할지 모르겠어"라고 한다면, "집에 가지고 가고 싶을 정도로 마음에 드는 걸 고르면 돼"라는 식으로 말해줍니다.

그런 진지한 궁리 끝에 획득한 기념품을 가지고 집에 돌아온 아이는 기념품에 실린 작품을 '자신이 고른 그림'이라는 특별한 의미로 기억합니다. 그로 인해 그림을 향한 애착과 관심이 싹트고 그것을 자신의 일부로 소화하지요. 아이는 결코 예술을 어려워하지 않습니다. **예술을 접할 기회를 많이 만들어서 아이와 함께 즐겨보세요.**

DAY 44

주인공이 호기심이 많은 건 꼭 너랑 닮았어

아이 인생에서 롤 모델이
필요할 때

□ ***Check*** 아이가 함께 누군가의 전기를 읽고 "대단한 사람이 있었네"라고 감탄하며 이야기를 나누는 것, 훌륭한 삶을 산 사람이 실제로 있었다는 사실을 아는 것, 그리고 그런 이를 존경하는 마음을 품는 것.

이러한 과정들을 통해 그 위인은 아이의 롤 모델이 됩니다. 롤 모델이란 자기가 해야 할 일이나 임무 등에서 본받을 만하거나 모범이 되는 대상을 뜻합니다. 아이는 자신이 되고 싶은 사람, 자신이 누리고 싶은 삶을 사는 사람, 자신이 동경하는 사람 중에서 자신의 롤 모델을 고릅니다. 그리고 그 롤 모델의 영향을 받으며 성장하지요.

게임을 좋아하던 아이의 롤 모델은 아마도 게임 속 히어로겠지요. 그러나 아이가 중학생, 고등학생으로 성장함에 따라 롤 모델 또한 현실적인 모습으로 바뀌어 갑니다.

목표가 되는 인물과 자존감의 향상

물론, 모든 사람이 자신의 롤 모델처럼 큰 업적을 이루지는 못합니다. 그러나 그 사실을 알고 있음에도 그 롤 모델에게 자기 모습을 투영하는 것은 중요합니다. 그에 따라 자존감도 높아지기 때문입니다. 롤 모델이란 자신이 동경하는 존재입니다. 때문에 그 사람의 행동이나 몸가짐 등을 따라 해보곤 합니다. 완전히 일치하지 않아도 분명 어딘가는 그 사람과 자신이 겹쳐보일 테지요. 그 과정에서 자신을 이전보다도 더 좋아하게 되거나 부정하던 마음이 줄어드는 것입니다.

목표가 되는 인물, 즉 골goal이 정해지면 어떤 것을 향한 동기도 강해집니다. 굳이 위인전이나 책을 통해 롤 모델을 찾을 필요는 없습니다. TV에서 위인과 관련된 다큐멘터리를 함께 시청하면서 대화를 나누어도 같은 효과를 기대할 수 있습니다.

DAY 45

이 시를 한번 외워볼까?

좋은 문장 암기와 낭독이
아이의 성적에 영향을 주는 이유

▢ ***Check*** 공부를 게임이라고 생각해봅시다.

예를 들어, '100을 셀 때까지 욕조에 몸을 담그고 있기'는 목욕의 게임화라고 할 수 있지요. 또는 단어에 단어를 붙여 끝까지 길게 말하는 사람이 이기는 암기 게임을 해볼 수도 있습니다.

특히, 유명한 시를 소리 내어 읊어보는 걸 추천합니다. 여기서 핵심은 문자를 그대로 보면서 읽는 것이 아닙니다. 반드시 암기 후 소리 내어 말해야 합니다. 외워서 허공에 대고 말할 수 있는 것이 중요합니다. 문학 속 명문장을 암송하다 보면 아이의 정신에 감각이 깨어납니다. 마음속에 문학이라는 꽃이 피어날 것입니다.

아직은 뜻을 몰라도 살면서 깨달을 때가 반드시 온다

암송은 마음을 건강하게 유지하는 데 큰 도움이 됩니다. 이렇게 기른 암기력이 성적과 연관되는 건 당연한 이치구요.

그리고 명문장을 외워서 마음에 새겨두면 당시엔 별생각이 없더라도 언젠가는 '그게 그런 뜻이었구나!' 하고 깨닫는 시기가 반드시 옵니다.

《논어》에는 '내가 하기 싫은 일을 남이 해주길 바라지 말라'는 구절이 나옵니다. 그 구절을 마음에 새긴 아이는 '내가 당하기 싫은 일은 친구에게도 해서는 안 돼'라는 판단을 할 수 있습니다.

명문장이 좋은 이유는 한 번이 아니라, 그 비슷한 일이 있을 때마다 도움을 준다는 것입니다. 아이가 많은 명문장을 마음에 새겼다면, 그 말을 한 위인과 문호들을 조언자로 둔 셈입니다. 그만큼 풍요로운 마음을 가질 수 있습니다.

DAY 46

이렇게 오래 의자에 앉아 있다니 끈기가 대단해

99

아이에게 용기를 불어넣는 마법의 말
"재능이 있구나"

□ ***Check*** 중학생 때 테니스를 자주 쳤습니다. 당시 코치에게 "넌 센스가 있구나!"라는 칭찬을 들은 적이 있지요. 저는 그 칭찬에 매우 기뻤고, 그 기쁨을 동력으로 삼아 그 후로 십여 년간 테니스에 열중할 수 있었습니다. 이처럼 센스나 재능이 있다는 칭찬은 듣는 사람에게 큰 용기를 불어넣어줍니다.

또한, 딱히 구체적인 결과가 나오지 않더라도 쓸 수 있는 표현입니다. 그래서 쓰기도 편하지요. **'센스'란 추상적인 개념이라 굳이 따로 설명할 필요도 없습니다.** 테스트로 측정 가능한 영역이 아니라는 게 장점이지요.

이 말은 범용성이 높습니다. 예를 들면, 공부에서도, 옷을 고르는 것에서도, 아이가 어떤 말을 했을 때도 쓸 수 있습니다. 하지만 단순히 "센스가 있네"라고 칭찬하기보다는 더 구체적으로 표현하는 게 좋습니다.

"글자의 균형을 잘 맞추는 센스가 있구나!"

"좋은 단어를 고르는 센스가 있네."

정확히 어떤 센스라고 말하는 구체적인 칭찬이 훨씬 효과적임을 기억하세요.

"책을 읽고 전달을 잘하네"
정확하게 짚어서 격려해준다

'○○력'이라는 말처럼 다양한 영역에서 폭넓게 쓸 수 있는 말도 있습니다. 센스와 마찬가지로 추상적이라 쓰기 편하지요.

노래를 못해서 노래방에서 좋은 점수를 받지 못하고, 음정이나 리듬감이 전혀 없다 하더라도 누군가가 내게 "표현력이 참 좋네요"라고 말해준다면 왠지 모르게 기쁜 마음이 들 텐데요. 이것은 표현력이라는 말의 정의가 모호하기 때문입니다.

그림을 그릴 때나 프라모델 조립을 할 때도 "색칠하는 방식이 좋네", "조립을 잘하네"가 아니라 "표현력이 좋네"라고 칭찬해보세요. '이딴 걸 잘해 봤자…'라고 비관적으로 생각하는 아이라도 이런 방식으로 칭찬을 받으면 '난 표현력이 좋구나'라고 자신을 긍정적으로 평가할 수 있습니다.

Mom's words

"넌 센스가 많아."

"표현력이 참 좋구나."

DAY 47

감기로 힘들었을 텐데 정신력이 진짜 강하구나

99

계속 말할수록 힘이 더 세지는 말

"멘탈이 강하구나"

▢ *Check*　"정신력이 강하다", "멘탈이 강하다."

공부 잘하는 아이를 만드는 엄마의 강력한 말 중 하나입니다. 왜 그런지 한번 알아볼까요?

많은 학생들은 '난 정신력이 없어'라고 생각합니다. 성적에 좌우되는 일상 속에서 매번 실망하며 지치기 때문인데요. 그래서 저는 종종 정신력에 관해 질문합니다.

"무언가를 공부하고 있다는 사실만으로도 보통 사람보다 정신력이 강하다는 뜻이에요. 정신력이 강한 사람, 손 들어보세요. 네, 전원이네요."

그리고 교실에 모인 모두가 '정신력이 강한 사람'이라고 마무리 짓습니다. 다른 건 몰라도 정신력이 강하다고 생각하는 것은 매우 중요합니다. 이런 생각은 자신을 격려하고, 결국 목표를 이룰 때까지 버틸 수 있는 힘을 주기 때문입니다.

칭찬할 기회는 가까운 곳에 있다

아이가 몇 살이든 마찬가지입니다. 취미활동이나 평소 시험에서도 상관없습니다. 어느 정도 결과가 나왔다는 것은 그만큼 노력을 했다는 의미입니다. 노력했다는 것은 정신력이 강하다는 뜻입니다. 그 사실을 아이에게 알려주세요. 아이가 스스로 정신력이 강하다고 생각하게 해주세요.

센스나 표현력 등과 마찬가지로 '정신력', '멘탈'이라는 말 또한 의미가 모호합니다. 시험 결과라면 상위 몇 퍼센트라는 식으로 숫자가 나타나지만, 멘탈이 강한지 약한지는 스스로 정할 수 없으며 눈에 보이지도 않습니다.

그러니 이 모호한 점을 역이용해 아이를 칭찬하는 수단으로 활용하면 좋습니다.

그럼, 활용 예를 들어볼까요? 아이와 함께 카페에 갔는데 아이가 오렌지 주스를 주문했다고 가정해봅시다. 주문 후 나온 것이 사과 주스였고, 그 사실을 아이가 점원에게 전달할 수 있다면 이렇게 칭찬해보세요.

"와, 진짜 넌 멘탈이 강하구나. 나였으면 아무 말도 못 하고 그대로 마셨을 거야."

이처럼 정신력의 강함을 칭찬할 기회는 가까운 데 있습니다. **그 기회를 놓치지 말고 칭찬해주는 것이 아이의 자존감을 높이는 비결입니다.**

DAY 48

너도 손흥민처럼 축구를 예술로 하는구나

롤 모델과 아이의 공통점을
찾아내 칭찬해주는 노하우

□ ***Check*** 아이를 위인이나 유명인에 비유하는 것은 꽤 효과적입니다. 예를 들어, "너는 손흥민처럼 축구를 잘하네", "김연아처럼 유연하네", "패션 감각이 블랙핑크 같은걸" 등 큰 성공을 거둔 사람을 거론해주면 아이도 기뻐합니다. 이때 포인트를 짚어 칭찬해주면 더 좋겠지요. 물론, 그 포인트는 사소한 것이어도 상관없습니다. 예를 들어, 아이가 그림 그리기를 좋아한다면 이렇게 말해주면 어떨까요?

"BTS 리더도 미술관에 가는 걸 좋아한대. 미술에 관심이 많은 게 똑같네."

완벽하게 공통점이 없어도 선망의 대상과 비교된다면 자랑스러워할 겁니다. 그러니 사소한 것 하나라도 공통점이 있으면 꼭 정확히 누구와 비슷하다며 칭찬해주세요. 위인이나 유명인이 아니어도 상관없습니다. 할머니나 할아버지, 친척 중에서 롤 모델이 있다면, 그분과 아이의 공통점을 찾아 칭찬해보세요.

사자성어로 칭찬했을 때 나타나는 효과

사자성어로 칭찬과 격려를 해주는 방법도 한번 써보세요. 아이가 어떤 일을 했는데 성과가 바로 나오지 않아 좌절하면, "넌 대기만성大器晩成(큰 사람은 성공하는 데 시간이 필요함) 할 거야"라고 격려해주는 겁니다. 이게 무슨 뜻인지 함께 알려주면서요.

그러면 '내가 포기하지 않고 쭉 노력하다 보면 좋은 결과가 나올 거야'라고 생각할 겁니다. 칭찬과 격려를 통해 사자성어를 자신의 것으로 만드는 효과도 거둘 수 있지요.

이 밖에도 사용하기 쉬운 사자성어로는 시행착오試行錯誤(시험과 실패를 거듭하며 학습됨), 공명정대公明正大(정당하고 떳떳함) 등이 있습니다. 자신감이 붙기 쉬운 표현을 골라서 아이를 격려할 때 써보세요.

DAY 49

10번만 하면 10일 후엔 분명히 잘할 수 있게 돼

틀림없이 아이가
해내게 하는 말

□ ***Check*** 아이가 무언가에 도전하려고 할 때, 예언자처럼 "이렇게 하면 좋아. 그렇게 하면 할 수 있게 될 테니까"라고 말해주세요. 그러면 일단 그 말을 믿고 도전할 수 있습니다.

자전거를 못 타는 아이를 예로 들어볼까요?

"넌 분명 탈 수 있게 될 거야. 이걸 이렇게 하면 1주일도 안 돼서 탈 수 있어."

이때 반드시 목표를 이룰 수 있는 시간보다 약간 긴 시간을 말하는 게 포인트입니다. 자전거 타기의 경우엔 열심히 배우면 3, 4일 안에 탈 수 있으니 일주일이라고 한 거구요. 자전거가 제 뜻대로 움직이게 되었을 때, 아이는 '정말 엄마가 말한 대로네. 나 해냈어!'라고 생각할 겁니다. 자연스레 성취감이 올라가지요.

늘 실수만 하던 에디슨의 엄마도 "분명 괜찮을 거야. 넌 잘할 거야"라고 말했다고 합니다. 실제로 그 말대로 되지 않더라도 상관없습니다. 그러니 대담하게 미래의 모습을 예언해주는 것이 중요합니다.

"이걸 10번 하면 할 수 있게 될 거야."

이렇게 엄마가 말해주면, 아이는 우선 10번 정도는 도전해봅니다. 여기서 엄마도 강한 끈기를 가지고 말을 걸어줍니다. 아이가 할 만한 도전에서 10번 안에 성공하지 못하는 일은 거의 드뭅니다. 대부분 그 횟수를 채우기 전에 할 수 있지요. 다만, 그 횟수를 소화해 내기 위한 끈기가 필요할 뿐입니다.

그 끈기를 끌어내기 위해서 '할 수 있다'라는 관점이 중요하며, 그건 엄마가 만들어줄 수 있습니다.

"넌 충분히 잠재력이 있어" 계속 말해주기

"넌 잠재력이 있으니까"라고 말해주는 것도 좋겠지요. 현재 잠

들어 있는 에너지가 잠재력입니다. 따라서 '잠재력이 있으나, 지금은 잠들어 있을 뿐'이라는 생각을 가진 아이는 도전을 두려워하지 않습니다.

아이를 칭찬하기 어려워하는 이유는 아직 결과가 나오지 않은 상태에서 해줄 만한 말을 찾기 힘들어서입니다. 이때 '잠재력이 있다'라는 표현은 '센스가 있다'라는 말처럼 언제든 편하게 쓸 수 있다는 장점이 있습니다.

특이한 점을 캐치해 '잠재력이 있다'라는 말로 계속 격려해주면 실제로 뭔가를 이루는 일도 종종 있습니다. 그러니 아이가 자기 잠재력을 믿고 도전하도록 유도하는 게 중요합니다.

DAY 50

이 그림에서 색깔 하나만 바꿨는데 훨씬 좋아졌네

아이에게
칭찬할 타이밍을 잡는 법

▢ *Check* 아이를 칭찬할 타이밍은 변화의 방향성이 보였을 때입니다.

이는 배의 키를 조정하는 일에 비유할 수 있습니다. 조금이라도 배의 키를 오른쪽으로 꺾으면 오른쪽으로 나아가며, 왼쪽으로 꺾으면 왼쪽으로 나아갑니다. 그러므로 처음에 배의 키를 꺾는 방향을 틀리지 않아야 합니다.

엄마는 배(아이)가 오른쪽으로 가려는지, 아니면 왼쪽으로 가려는지를 주시합니다. 그리고 배가 향하는 곳(방향성)이 올바르다면 그대로 똑바르게 나아가도록 말을 걸어주세요.

예를 들어, 아이가 방을 조금이라도 청소하거나 정돈하려고 시도한다면 "와, 깨끗해졌네!"라고 칭찬해줍니다. 그러면 '아, 이러면 되는구나'라고 생각하게 됩니다.

조금이라도 정리하기를 시도할 때, 조금이라도 공부하려고 할 때, 즉 변화의 방향성이 보였을 때 칭찬해주는 겁니다. 그러면 아이의 방향성이 정해지고 의욕을 보입니다. 아이가 좋은 쪽으로 변화하고 있다는 느낌이 드는 그 타이밍에 말을 걸어주면 됩니다.

학교에서 테니스 코치를 맡았을 때 1인당 10구씩 치도록 하는 연습이 있었습니다. 저는 그중 3구만 코멘트를 했습니다. 네트에 공이 자주 걸리던 학생에게 만약 아웃이더라도 네트에 닿지 않은 것만으로 '나이스 볼'이라고 해주는 거지요.

그러면 신기하게도 그 학생의 공이 네트에 걸리지 않게 됩니다. 왜냐하면 칭찬받은 3구가 학생의 기억에 남아 있기 때문입니다. '저걸 반복하면 된다'라고 생각하기 때문에 실력이 더 좋아지는 겁니다. 칭찬받은 3구를 재현하고자 하는 욕구가 실력 향상으로 이어집니다.

남은 7구를 두고 "방금 건 안 돼"라고 부정할 필요가 없습니다. **좋은 점을 집중적으로 언급해주면 점점 좋은 방향으로 나아가기 마련입니다.**

DAY 51

왜 그런지
환경을 조금 바꿔볼까?

❞

아이에게 해서는 안 되는 말
거르기

☐ *Check* 아이 자존감을 높이기 좋은 말들을 살펴봤는데요. 반대로 해서는 안 되는 말도 있습니다. 예를 들면, "적성에 안 맞아", "재능이 없어"라는 말입니다.

그런데 말뿐 아니라 그런 생각을 하는 것도 바람직하지 않습니다. 머릿속으로 '이 아이는 공부가 적성에 맞지 않잖아', '이 아이는 운동에 재능이 없잖아'라는 식으로 생각해 버리면, 그게 무심코 밖으로 나올 테니까요.

사람에 따라 어떤 분야에는 천재적이면서도 다른 분야에서는 전혀 재능을 발휘하지 못하는 일이 있습니다. 아무리 뛰어난 운동선수도 모든 운동을 다 잘할 수는 없습니다. 오히려 평소 낮게 평가 받던 사람이 더 우수한 결과를 내는 일도 있습니다.

좋은지 나쁜지 생각하기에 따라 다르다

어떤 사람의 운동 신경이 좋은지 나쁜지는 간단히 말할 수가 없습니다. 당연히 '머리가 좋다'라는 기준 또한 한 측면에서만 측정할 수 있는 게 아닙니다.

학원에 보낸 아이의 성적이 그다지 좋지 않았는데, 학원 강사님이 바뀌자마자 성적이 좋아지기도 합니다. 즉, 아이는 자신의 노력과 환경에 따라 얼마든지 자기 성적을 올릴 수 있습니다.

국어는 못하지만 수학은 매우 잘하기도 합니다. 그러니 무언가 하나를 못한다고 '재는 머리가 좋지 않아', '재능이 없어'라는 식으로 아이의 능력 전체를 부정하지 마세요.

"공부하는 방식 때문일 수도 있어. 어떻게 수정해볼까?"

"환경이 좋지 않을 수 있으니 다른 곳으로 바꿔볼까?"

생각을 조금만 달리해도 상황은 좋은 방향으로 흘러갈 거예요.

DAY 52

네가 입버릇처럼 하는 말을 종이에 적어봐

”

아이가 자신을 부정할 때
확 바꿔주는 기술

□ *Check* 자존감은 엄마가 아이에게 직접 해준 말뿐만 아니라 아이 자신이 한 말에서도 영향을 받습니다. 그러므로 아이가 "그러니까 난 안 되는 거야"라는 말을 쓰지 않도록 주의해야 합니다. "어차피 나 같은 건 안 돼", "난 글렀어", "내 적성이랑 맞지 않아", "재능이 없어" 등 자신에게 마이너스가 되는 말을 하지 말자는 규칙을 아이와 함께 만들 것을 추천합니다.

우선은 아이와 함께 부정적인 말들을 종이에 적어보세요. 그리고 "이런 말을 하면 점점 자신감이 없어지니 앞으로 쓰지 말자"고 약속합니다. 그리고 그 종이를 잘 보이는 곳에 붙여둡니다. 그리고 그 말을 하면 "방금 그 말, 안 하기로 했는데. 자, 벌점 1점!"과 같이 부담 없는 게임처럼 아이에게 환기해주는 겁니다. 그러면 '어차피'의 '어'가 목구멍 끝까지 차올라도 점차 부정적인 말을 하지 않게 됩니다.

플러스가 되는 말도 함께 적는다

반대로, 아이에게 플러스가 되는 긍정적인 말도 써보세요. 그리고 그것을 부정적 문장들을 써 놓은 종이 옆에 붙인 뒤, 긍정적인 말을 할 때마다 '正(바를 정)' 표시를 하는 겁니다. 그러면 자신에게 좋은 말을 해주는 습관이 몸에 배게 됩니다.

전미 오픈 테니스 선수권 대회에서 생긴 일입니다. 레일라 페르난데스라는 18세 선수가 오사카 나오미 선수를 이기는 이변을 일으켰지요. 시합 후 인터뷰에서 페르난데스 선수는 "처음부터 이길 수 있다고 생각했습니다"라고 말했습니다.

페르난데스 선수는 "이길 수 있어"라고 자신에게 최면을 걸듯 마음속으로 말하며 자존감을 강하게 끌어올렸고, 덕분에 좋은 플레이가 나온 거지요. 입 밖으로 말하든 마음속으로 말하든 자기 자신에게 좋은 말을 해주는 습관은 이렇게나 중요합니다.

DAY 53

좋아, 말해.
엄마는 듣기만 할게

”

아이가 뚱하게 대답할 때 하는 말

"예를 들면?"

▢ ***Check*** 아이의 상태를 파악하고 싶어서 무언가 질문을 해도 아이가 대답을 회피하거나 퉁명스럽게 굴 때가 있습니다. 그럴 때는 구체적으로 물어보세요.

"예를 들면, 체육 시간엔 뭐 했어?"

"예를 들면, 쉬는 시간은 어땠어?"

또는 선택지를 주는 질문 방식도 괜찮습니다. "재밌었어?"라고 물었을 때 아이가 "음…" 하며 쉽게 대답하지 못한다면 다시 물어보는 겁니다.

"재미있는 편이었어, 지루한 편이었어?"

둘 중에 하나를 고르면 되니 "응, 지루한 편이었던 것 같아"라는 식으로 대답해줄 테지요. 성인에게도 마찬가지입니다. "일은 좀 어때요?"라고 물었을 때 "그냥 그러네요"라는 답이 돌아오면 다시 이렇게 물어보세요.

"아, 그렇군요. 말하자면 어느 쪽이에요? 좋은 쪽, 나쁜 쪽?"

그럼 상대방은 좋으면 "뭐, 그럭저럭 괜찮네요"라고 말하고, 나쁘면 "굳이 말하자면 나쁜 편이겠네요" 하는 식으로 골라서 대답해줄 겁니다. 이처럼 선택지를 주는 질문은 대답을 쉽게 유도할 수 있습니다.

엄마의 판단이나 생각을 바로 말하지 않는다

앞에서 말한 질문법은 아이의 대답을 유도하기는 쉽지만, 주의해야 할 점이 있습니다. 아이가 대답했을 때 바로 엄마의 판단이나 생각을 아이에게 말하지 않는 것입니다.

예를 들어, "민서랑 싸웠어"라고 대답했다고 합시다. 그때 부모님이 "그건 너도 잘못한 게 아닐까?", "그러면 친구도 기분이 나쁠 거야" 등 일방적으로 단정을 지어서는 안 됩니다. 그러면 아이가 점점 마음의 문을 닫아 버리니까요.

엄마는 우선 들어주는 역할에 집중해야 합니다. "와, 그랬구나. 그래서?", "정말 큰일이었네"라며 맞장구를 많이 넣어 반응해주세요. 임상심리학자 칼 로저스는 이런 경청의 자세를 '액티브 리스닝'이라고 했습니다.

상담사가 '이렇게 하는 편이 좋아요' 등의 지시적(디렉티브) 태도를 보이면 클라이언트(환자)도 그다지 말을 하지 않게 되어 버립니다. 그러므로 듣는 쪽은 비지시적 태도로 우선 귀를 기울이고, 다음 질문을 해야 합니다.

이렇게 먼저 엄마가 아이의 이야기를 들어주어야 합니다. 그래야 아이도 자신의 이야기를 엄마에게 편하게 할 수 있습니다.

DAY 54

어디가 재미있었는지 3가지만 알려줄래?

내용 요약을
잘하게 하는 법

□ *Check* '총명하다'는 말을 듣는 아이들에게는 공통점이 있습니다. 바로 자신이 생각하는 바를 상대에게 잘 전달할 수 있다는 점인데요. 소위 '아웃풋'에 재능이 있습니다.

전날 밤에 본 TV 방송이나 만화책의 내용을 학교에서 친구들과 이야기할 때 "끝내주게 재밌었어. 참을 수 없었어!"라는 말만으로는 설명이 되었다고 할 수 없습니다. 이때 설명을 잘하는 아이는 요약을 잘합니다. **요약만 잘하면 대화가 서툴러도 설명을 나름대로 잘할 수 있습니다.**

호빵맨의 세계관을 3가지 단어로 설명해본다

TV 방송을 예로 들면, 잘된 요약은 그 방송을 상징하는 3가지 키워드로 표현하는 것입니다. '3가지'라는 숫자는 여러 방면에 응용할 수 있으니 엄마도 함께 기억해 두세요.

예를 들어, 〈날아라 호빵맨〉의 1화를 보고 호빵맨의 특징을 3가지로 추려보겠습니다.

'빵으로 만들어진 얼굴 / 하늘을 나는 망토 / 상냥한 마음'

이번엔 '어떤 인물이 등장하는가'를 기준으로 추려볼까요?

'잼 아저씨 / 호빵맨 / 세균맨'

이렇게 3가지를 사용해 내용을 설명할 수 있다면 이상적입니다. 그런데 키워드로 덮밥맨을 골라서 호빵맨의 내용을 설명하려 하면 잘 전달되지 않을 겁니다. 즉, 설명을 잘하려면 키워드를 고르는 이해력과 그것들을 연결하는 문해력이 필요합니다.

설명을 하겠다고 생각하며 책을 읽거나 TV를 보면 기억에 오래 남고 이해도도 높아집니다. 뇌 과학에서도 이 사실이 밝혀지고 있습니다. '만약 이걸 사람들에게 전달한다면'이라고 생각하면서 책을 읽는 습관을 들여주세요. 그러면 이야기를 설명하는 능력이 자연히 향상됩니다. 주의할 점은, 아이가 너무 부담을 느끼지 않는 범위 안에서 즐기듯 해나가는 게 좋습니다.

DAY 55

뭔가 상의할 일이 있으면 엄마한테 일순위로 물어봐줘

아이를 현명하게 응원하는
엄마의 말

▢ *Check* 아이를 잘 알고 싶고, 문제가 생기면 도와주고 싶다는 이유로 무엇이든 전부 물어봐도 되는 것은 아닙니다. 지나친 질문 공세는 "이제 엄마한테는 말 안 할래"라는 말이 나오게 하는 이유가 됩니다. 또한 "여자친구랑은 어떻게 됐어?"처럼 지극히 개인적인 질문을 사춘기 아들에게 하면, 아들은 "귀찮아"라는 식으로 받아칠 겁니다. 그러므로 "학교에 좋아하는 친구가 있니?", "친구들이 너를 좋아하니?" 같은 사적인 질문은 건너뛰거나 순화해서 말하세요.

부모와 아이의 생각이 크게 벌어지기 전에

아이의 용돈에 관해서도 주의가 필요합니다. 부모는 아이에게 용돈을 주는 주체입니다. 아이의 재정 상황을 잘 알기에 아이에게 돈과 관련한 문제가 생기면 바로 알아차릴 수 있습니다. 그러니 용돈으로 사기 힘든 비싼 물건을 가지고 있다면 "어떻게 이런 걸 갖고 있니?"라고 꼭 물어봐야 합니다. 만약 아르바이트로 돈을 번 거라면 서로 진지하게 이야기합니다.

"용돈이 너무 적어서 아르바이트를 하는 것 같은데, 위험할 수 있으니 그만하자."

이때 부모와 아이는 서로의 생각을 공유하고 어떻게 할지 결정해야 합니다. 무엇보다 이런 변화를 가능한 빨리 인식하는 것이 중요한데요. 그래야 대화를 나누는 시점이 당겨지고, 아이가 저항감 없이 충고를 받아들일 수 있습니다. 그러려면 평소에 아이의 상태를 잘 파악해 둘 필요가 있습니다.

DAY 56

혹시 학교에 대하기 어려운 친구가 있니?

”

아이를 따돌림에서 지키는
시기적절한 질문

▢ ***Check*** 아이에게 근황을 매일 들으면 아이의 변화를 알아채기 쉽습니다. 그리고 아이가 좀 더 편하게 엄마에게 자신의 고충을 털어놓을 수 있습니다.

예를 들어, 아이가 따돌림을 당하고 있을 때 그 사실을 털어놓으면 "그건 정말 큰일이구나"라고 말해줘서 엄마가 아이의 편임을 전할 수 있지요. 또는, 담임 선생님에게 따돌림 상황을 전달하는 것처럼 구체적인 행동도 할 수 있습니다.

아이들은 따돌림을 당해도 그 사실을 털어놓기 어려워합니다. 그러니 평소 아이의 교우 관계를 파악해 두면 좋겠지요. 친구가 놀러 왔을 때나 친구 이야기가 나왔을 때가 기회입니다. 아무렇지 않게 "이 중에 대하기 어려운 아이는 없니?"라고 아이에게 물어보기를 추천합니다.

학교 내 언어폭력에도 주의를 기울인다

남자아이라면, 여자아이들과의 관계도 들어주는 것이 좋습니다. '남자아이가 힘이 세니까 여자아이한테 따돌림 당하진 않겠지'라고 생각하는 것은 금물입니다.

최근에는 "기분 나빠", "가까이 오지 마" 등 말로 하는 폭력이 문제가 되고 있습니다. 폭력을 행사하면 바로 문제가 되지만, 말은 '했다', '안 했다'라고 판단하기가 상당히 어렵습니다.

언어폭력도 분명한 따돌림입니다. 그것이 원인이 되어 등교를 거부하는 일도 많습니다. "이런 말을 들어서 학교 가는 게 싫어"라는 아이의 말을 잘 들어주어야 합니다. 한편, 따돌림 같은 심각한 문제는 선생님이 더 효율적으로 해결할 수도 있습니다. 상황을 잘 판단하여 해결방안을 찾아봅니다.

DAY 57

네가 좋아하는 것들만 여기 적어보자

진심으로 좋아하는 것을
찾아내는 '편애 맵'

▢ ***Check*** 아이의 교육을 위해선 어떤 것에 흥미를 느끼는지, 무엇을 얼마나 좋아하는지를 잘 살펴야 합니다. 만약 아이가 그림 그리기를 무척 좋아한다면, 미술관에 함께 가거나 그림 도구를 사주세요. 이런 일들은 아이의 잠재된 재능을 키우는 데 도움이 됩니다.

또한, '편애 맵' 만들기를 추천합니다. 아이가 하고 싶은 일이나 좋아하는 것을 써보는 작업인데요. 일종의 이미지화입니다. 이때 항목별로 줄줄이 열거만 하지는 마세요. 종이의 한 지점에서 전체로 넓혀 가듯이 도표처럼 만들거나 그룹으로 묶어서 여러 덩어리로 적는 것이 요령입니다.

저학년 아이라면 캐릭터를 좋아하니 먹을 것, 탈 것, 스포츠 등으로 그룹을 만들어주세요. 그런 뒤 아이가 놀이하듯 그 안을 재미있게 채우도록 유도해보세요. 아이가 전철을 좋아한다면, 전철이라는 틀을 만들고 연관성이 있는 것은 화살표나 직선으로 연결해줘도 됩니다.

편애 맵을 만들어보면 알겠지만, 맵을 만드는 동안 아이의 내면이 놀라울 정도로 많이 드러납니다. 몇 시간에 걸쳐 이야기를 나누지 않으면 끌어낼 수 없는 것들도 한눈에 파악할 수 있게 나타날 것입니다.

엄마가 눈치채지 못한 의외의 면까지 발견

초등학생을 대상으로 수업을 할 때, 이 맵을 작성하게 한 적이 있었습니다. 조용하게 보이던 아이가 실은 곤충을 무척 좋아한다거나, 이과 과목이 서툰 아이가 의외로 하늘과 별에 흥미를 갖고 있었는데요. 이 맵 덕분에 부모님과 선생님의 선입견이 뒤집힐 만한 사실이 속속 드러났지요.

아이도 맵을 그리는 동안 새로운 자신을 재발견할 수 있으며, 큰 종이를 자유롭게 쓴다는 행위는 분명 후련하고 즐거운 일입니다. 매년 또는 수개월마다 만들어 보관해 두면 그것이 '아이 마음의 역사'가 됩니다.

같은 종이에 현재와 과거의 '내가 가장 좋아하는 것'을 나열하여 변화를 보여주는 방법도 있습니다. **아이가 좋아하는 것의 알맹이를 파악한다면 누구도 몰랐던 자기 자신을 깨달을 수 있습니다.** 꼭 한번 해보시기 바랍니다.

DAY 58

우린 운명적으로 연결되어 있어

"

아이가
"엄마 닮아서 싫어"라고 말할 때

▢ *Check* 어릴 때 테니스를 한창 칠 때 '내 키가 조금만 더 컸어도, 서브 위력이 좋을 텐데'라는 생각을 많이 했었는데요. 그렇다고 그것 때문에 부모님을 원망하거나 자신을 부정한 적은 없었습니다. 애초에 "키가 더 클 수 있게 낳아주지 그랬어!"라고 원망한들 소용없으니까요. 부모님이 할 수 있는 대답은 고작 "네 할아버지(할머니)한테 물어봐!" 정도거든요.

만약 아이가 "엄마처럼 키가 작아서 싫어"라고 말한다면, 자신의 신체적 개성이나 특징은 원하는 대로 선택할 수 없다는 사실, 유전적으로 이어지는 건 운명으로 받아들여야 한다는 사실을 잘 설명해주세요. 그리고 이런 것들은 좋고 나쁨으로 나눌 수 있는 것이 아니며, **가족이 서로 닮았다는 건 가족만의 특별한 일이라고 좋은 방향으로 알려주세요.**

아이가 가진 고민이 누군가에겐 행복한 투정일 수도 있음을 알게 하기

세계적 피아니스트 쓰지이 노부유키 씨는 선천적으로 눈이 보이지 않았습니다. 그러나 쓰지이 씨의 어머니는 "보이지 않아도 세상의 훌륭함을 느끼며 풍요로운 인생을 보낼 수 있어"라고 생각하며, 아들을 긍정적으로 키웠다고 합니다. 덕분에 쓰지이 씨는 눈이 보이지 않는다고 부모님을 원망하지 않았습니다. 그렇게 그들은 현실을 받아들인 채 함께 걸어왔습니다.

신체적 결함을 극복하고 긍정적으로 살아가는 사람을 다룬 다큐멘터리 방송 등을 함께 보며 "눈이 보이지 않아도 멋진 곡을 연주하는구나", "행복해 보이는 미소네"라고 아이와 이야기를 나눈다면 어떨까요? 아이는 키가 6cm 작다거나 눈이 작다는 사실이 그리 중요하지 않게 느껴질 것입니다. 행복은 그런 데서 오지 않는다는 점을 아이도 깨닫겠지요.

DAY 59

어떤 종류의 영화를 좋아하는지 함께 찾아볼까?

99

아이 자존감을
더 단단하게 하는 방법 하나

▢ *Check* 아이와 함께 좋은 영화를 보는 일도 교육적으로 효과가 있습니다.

스콧 힉스 감독의 〈샤인Shine, 1996년〉을 추천하고 싶은데요. 이 영화는 실제 피아니스트인 데이비드 헬프갓의 인생을 그린 작품입니다. 그는 피아노를 엄격하게 배웠고 그 스트레스로 정신병을 앓았습니다. 비록 고난에 시달렸지만, 그는 꾸준한 노력으로 재능을 꽃피웠지요. 취약점을 지녔음에도 도전을 포기하지 않은 덕분에 성공하는 주인공이 나오는 영화는 여러모로 생각해볼 점과 배울 점이 많습니다.

이 외에도 아이가 엄마와 함께 보면 좋을 영화가 많은데요.

어린 사자 심바의 모험을 그린 〈라이온 킹〉, 머나먼 사막 속 신비의 아그라바 왕국의 좀도둑 알라딘이 마법 램프를 얻게 되면서 펼쳐지는 사랑과 모험 이야기 〈알라딘〉, 똑똑하고 아름다운 벨과 저주에 걸린 야수 이야기 〈미녀와 야수〉, 상위 1%의 천재들만 다니는 '크랜스턴 아카데미'에 전학 온 괴짜 천재 소년 대니의 이야기 〈몬스터아카데미〉 등 재미있고 교훈적인 영화가 많습니다.

아이와 함께 영화 고르는 즐거움을 누려보세요.

DAY 60

너와 영화 보는 시간이 너무 신 나고 좋아

함께 영화 이야기를 나누면
인지력과 공감력이 쑥쑥

□ *Check* 저는 아이가 고등학생이 될 때까지 2주에 한 번 가족끼리 영화관에 가곤 했습니다. 그리고 돌아와서는 아이와 본 영화를 함께 이야기하고 정리했습니다. 이처럼 함께 보고 들은 것을 이야기하며 자기 생각을 표현하고, 상대방의 의견을 듣는 일은 교육적으로도 매우 중요합니다.

영화의 줄거리를 잘 이해한 덕분에 인지력과 공감력이 자라게 되고, 그걸 요약해서 말하면 표현력도 좋아질 수 있습니다.

우리 가족은 지금도 자기가 본 영화를 서로 소개하는 시간을 가지고 있습니다. 때로는 DVD를 사서 함께 보기도 하지요.

이렇게 엄마와 아이가 함께 보내는 시간은 그 자체만으로 좋은 교육이 됩니다.

영화를 보면서 그 시간이 얼마나 소중한지 마음껏 표현해주세요. 아이는 부모와 함께하는 그 시간을 기다리게 될 것입니다.

Mom's words

"네가 고른 영화는 모두 재미있더라."

"너와 영화 보는 시간이 정말 좋아."

DAY 61

신 나게 큰 소리로 읽고 노래 부르며 놀아보자

99

소리 내어 책을 읽으면
공감 능력이 자라는 이유

▢ *Check* 글을 소리 내어 읽는 것을 낭독이라고 하지요. 먼저, 낭독의 매력은 목소리를 내는 행동이 기분을 좋게 해준다는 데 있습니다. 어른도 노래방에 가서 신 나게 노래를 부르면 스트레스가 풀리곤 합니다. 그러니 아이가 애니메이션의 주제가를 힘차게 부르면 어떤 기분이 될지 당연히 이해할 수 있을 겁니다.

과학적으로도, 문장을 소리 내어 읽으면 전두엽 안 '전두전야'라는 부위가 활성화되어 인격에도 변화가 나타난다고 합니다. 전두전야는 창조성, 의욕, 커뮤니케이션 등을 관장하는 상당히 중요한 부위입니다. 진화한 동물일수록 여기가 발달하지요. 이것은 목소리를 내면 마음이 건강해진다는 과학적 근거가 됩니다. 실제로 고령자의 치매 회복이나 예방에도 효과가 있어 이를 적용하고 있는 시설도 있습니다.

등장인물에 완전히 몰입하면 공감력이 좋아진다

아이가 동화 등을 낭독할 때는 등장인물에 완전히 몰입하여 연기하듯이 읽을 수 있도록 해주세요. 예를 들어, 감정을 실어 동화《빨간 모자》를 읽다 보면, 아이는 할머니의 감정과 자신의 의식이 겹쳐지면서 하나로 녹아드는 듯한 기분을 느끼게 됩니다.

이것은 다른 사람의 기분을 상상할 수 있다는 의미지요. 아이가 남의 기분을 이해하기란 그리 쉽지 않습니다. 그러나 이야기를 읽다 보면, 아이는 자신이 아닌 누군가의 감정을 이미지화하여 마음의 중요한 기능에 해당하는 공감력을 기를 수 있습니다.

마음은 자기 혼자만의 것이 아닌, 주변에 있는 다양한 사람의 마음과 이어져 있습니다. 낭독을 통해 이 사실을 깨우쳐보세요.

DAY 62

네가 골라온 책들은 다 재밌더라

등장인물에 완전히 몰입해
천천히 읽어주기

▢ *Check* 엄마와 아이를 연결하는 매개체 중에 '책'만큼 좋은 게 없습니다. 그래서 이번엔 책 이야기를 여러 번 하고자 합니다.

'책 읽어주기'는 엄마의 목소리로 읽어주는 문장을 아이가 듣고 이해하는, 일종의 커뮤니케이션입니다. 책 읽어주기의 일인자로 알려진 미국의 짐 트렐리즈 씨는 부모의 목소리만큼 아이의 마음을 안정시키는 것은 없다고 했습니다. 그리고 **책 읽어주기가 아이의 정서와 언어 능력을 자극하는 데 큰 도움이 된다고 말했습니다.**

정서란 무언가를 생각하는 힘의 초석입니다. 어떤 사람이 앞으로 어떤 친구를 사귀고 어떤 일을 선택할지는 결국 그 사람의 정서로 정해진다고 해도 과언이 아닙니다. 아이가 살아가는 근본이 되는 것이 정서의 힘이며, 그것을 기르는 방법은 '책 읽어주기'입니다.

느낌을 실어 읽어준다

아이에게 책을 읽어주다 보면 자연히 아이의 어휘력도 단련됩니다. 뛰어난 문장을 많이 접하기에 문장을 이해하는 힘도 늘어나고, 학교에서 선생님의 이야기를 이해하는 힘도 향상되지요.

잘 짜인 이야기 덕분에 다양한 간접경험을 하게 되고, 부모와 아이가 소중한 시간을 공유할 수 있습니다. 책을 읽을 때는 등장인물에 몰입해 감정을 실어 읽습니다. 이야기를 머릿속에 그리기 쉽도록 속도를 맞추어 읽는 것도 중요합니다.

이야기의 내용이 바뀌는 장면에선 "저런, 야단났네!", "괜찮으려나?" 등 추임새를 넣어 가면서 이야기의 포인트를 전달해주세요. 책 읽어주기는 아이뿐 아니라 부모의 어휘력 또한 키워줍니다. 공감력과 정서 표현력 또한 단련됩니다. 부모와 아이의 소중한 시간을 책과 함께 나누어보길 바랍니다.

DAY 63

이 책을 2줄로 요약해볼까?

❞

독후감 쓰기 어려워하는 아이에게
글을 쓰게 하는 법

□ *Check* 독후감을 쓰는 일은 자기가 읽은 책을 얼마나 이해하고 있는지 파악할 때 상당히 효과적인 방법입니다. 깊이 생각하지 않고 멍하니 읽기만 해서는 줄거리밖에 기억하지 못합니다. 등장인물의 기분이나 작가가 전하고자 하는 메시지 역시 이해하지 못합니다.

독후감을 잘 쓰는 아이는 글을 잘 쓴다기보다 이런 사고의 힘을 발휘하여 읽습니다. '우리 아이는 글을 잘 못 쓰니 이 방법은 어렵겠네'라고 생각할 필요는 없습니다. 책을 읽으면서 마음에 드는 포인트를 메모하거나, 중요하다고 생각하는 장면에서 일단 읽기를 멈추고, 등장인물의 기분이나 메시지를 생각해보는 습관을 들이면 됩니다. 이런 습관이 자리잡으면, 쓸거리가 늘어나서 글을 못 쓴다는 의식에서 벗어날 수 있습니다.

포인트 설명으로 책의 매력 표현해보기

아이가 직접 '책 POP 광고문안'을 만들어보는 것도 좋습니다. 책의 내용을 이해하고 다른 사람에게 전달하는 힘을 기를 수 있거든요. 어떤 책을 친구가 읽고 싶게 하려면 단순히 재미있었다는 말로는 부족합니다. 그 책이 가진 특유의 매력은 무엇인지, 읽으면 어떤 기분이 드는지, 포인트는 어떤 것들이 있는지 등을 이해하지 못하면 좋은 광고문안을 만들 수 없습니다.

이 작업은 독후감보다 단순합니다. 그러나 막상 해보면 이목을 끌 만한 말로 책의 내용을 전달하기가 의외로 어렵다는 사실을 깨닫게 됩니다. 어휘력도 필요하며, 센스도 요구됩니다. 광고문안 만들기는 교육방법으로도 폭넓게 쓰이고 있습니다.

처음에는 요령이 없는 아이도 다른 문안을 보면서 '그렇구나, 이렇게 하면 되는 건가?' 혹은 '나도 해볼래' 하는 마음이 들 수도 있습니다. 그러면 독서 자체가 즐거운 활동으로 변하겠지요.

DAY 64

이 책에서
왜 주인공은 그렇게 말했을까?

아이의 책 읽기가 끝난 후
질문은 이렇게

□ *Check* 책을 읽을 때는 인물이나 시대 배경, 작가의 생각 등을 이해하려는 노력이 중요합니다. 그러나 책을 사주면서 "자, 깊이 있게 이해하렴"이라고 해봤자 아이는 그 방법을 알 길이 없습니다.

한 장의 평면인 종이 속에서 펼쳐지는, 입체적인 이야기의 세계관을 어떻게 하면 붙잡을 수 있을까요? 그중 한 방법이 '내용을 자신에게 적용하며 읽는다'입니다.

《개미와 베짱이》를 읽는다면 '이런 사람이 내 주변에도 있으려나?' 또는 '난 둘 중 어떤 타입일까?'라며 자신을 이야기 속 인물로 생각해보는 거지요.

또한, 등장인물을 개미와 베짱이 말고 다른 인물로 바꿔보며 상황을 생각해보는 것도 좋습니다. 단순히 이야기를 기억하는 것만으로는 알 수 없는 깊이가 아이에게 닿을 수 있을 겁니다.

"네가 개미라면 베짱이한테 뭐라고 말했을 것 같아?"라고 물어보아도 좋습니다. **계속 질문을 받는 아이는 자연스럽게 책의 내용에 자신을 대입해 읽는 습관을 들입니다.**

내용을 남에게 이야기하면서 사고의 깊이를 다진다

책을 읽은 후 그 내용을 다른 사람에게 이야기하는 것은 아는 것을 정리하는 데 좋은 방법입니다. 이야기를 잘하기 위해서는 우선 시간순으로 정확하게 기억해야 합니다. 그리고 등장인물의 대사 안에 담긴 감정도 이해해야 하지요.

사실 어른도 신문이나 책을 읽은 후에 다른 사람에게 설명하기가 꽤 힘듭니다. 말하면서 기억이 가물가물해서 본질을 이해하지 못했다는 사실을 깨닫곤 합니다. 그러니 아이가 처음부터 잘할 거라고 기대하지 말고 편안하게 말하도록 해주세요.

아이가 책을 다 읽었다면, 간단히 질문을 하면서 아이와 이야기를 나눠보세요.

"무슨 내용이었어?", "왜 주인공은 그렇게 했을까?"

독서라고 하면, 누구와도 말하지 않은 채 혼자 끝마치는 작업이라고 생각하는데요. 꼭 그렇지만도 않습니다. 독서 후 토론은 부모와 아이의 커뮤니케이션을 깊이 있게 해주는 역할을 충분히 해내니까요.

DAY 65

책을 끝까지 다 읽었네. 우리 책장에 나란히 꽂아두자

아이 그림책과 엄마 소설책을
책장에 나란히 놓아야 하는 이유

▢ ***Check*** 아이는 좋아하는 것에 열중을 잘하며, 일단 열중하기 시작하면 성취감을 기억하고, 더욱 자신의 실력을 향상시키고자 합니다. 그런 성취감을 느낄 수 있는 최적의 방법이 바로 '그림책 한 권을 완독하는 것'입니다.

그림책의 좋은 점은 문자뿐만 아니라 그림도 있다는 것입니다. 개성적인 동물 캐릭터나 공주님, 마법세계 같은 비일상적 세계를 현실적으로 즐길 수 있지요. 무엇보다 얇고 글자 수가 적어 단시간에 몇 권이든 끝까지 읽을 수 있습니다.

도서관에 함께 가면, 아이는 계속해서 그림책을 펼치며 금방

4권, 5권을 읽어 버립니다. 5권을 다 읽었다면 5번의 성취감을 느낀 것인데요. 이때 "대단하네, 그렇게나 많이 읽었어!"라고 칭찬해주세요. **성취감과 칭찬받은 기쁨으로 마음이 충만해진 아이는 당연히 독서를 즐기게 될 겁니다.**

다 읽은 그림책을 나열한 책장은 아이의 재산목록 1호

도서관이 아닌 가정에서 이 방법을 쓰려면, 아이가 다 읽은 그림책을 책장에 차곡차곡 진열하세요. 나란히 꽂힌 그림책은 아이의 지식 재산입니다. 아이는 책장을 바라볼 때마다 '이거 전부 읽은 거네'라며 성취감을 느낄 수 있습니다.

아이의 그림책뿐만 아니라 가족들이 읽은 책을 책장 한 칸에 나란히 정리해 두는 방법도 추천합니다. 그러면 책장은 가족의 재산이 되고, 역사가 되고, 추억의 집합체가 되니까요. 그리고 책장이 있는 방은 '우리 집 도서관'이라고 할 수 있지요.

자신의 그림책 위에 엄마의 책이 꽂혀 있으면 엄마를 향한 아이의 관심과 이해는 깊어질 것입니다. 책장 덕분에 가족의 사랑이 깊어진다면 이보다 멋진 일은 없을 것입니다.

DAY 66

엄마가 특별히 재미있었던 책은 이거야

엄마가 읽었던 《빨간 머리 앤》을
같이 읽어보기

□ ***Check*** 부모와 아이가 함께 읽기 쉬운 책으로, 루시 모드 몽고메리의 《빨간 머리 앤》을 추천합니다. 주인공 앤은 어린 나이에 고아가 되었지만, 무척이나 긍정적입니다. 상상력이 풍부하고, 호수나 그 외 여러 가지에 스스로 이름을 지어줍니다. 눈앞에 보이는 현실에 앤은 자신만의 색을 입혀 즐거운 세상으로 바꾸지요. 함께 읽으면서 긍정적 감정을 나눌 수 있는 작품입니다.

《안네의 일기》도 좋습니다. 책을 읽다 보면 안네 프랑크가 몹시 힘든 상황이었음을 알 수 있습니다. 그런데도 안네는 자신의 일기에 키티라는 이름을 지어주는 등 어떤 상황에서도 정신의 자유를 잊지 않는 긍정적 사고의 소유자입니다. 감성이 뛰어난 표현이 많으니, 감성적인 아이라면 이 점을 더 부각해 책 읽기를 해주세요.

또한, 안데르센의 동화《미운 오리 새끼》는 고전 중의 고전입니다. 이 책은 주변에서 못생겼다고 심하게 놀림 당하던 새끼 오리가 머지않아 아름다운 백조가 된다는 대기만성형의 이야기지요. 현재가 힘들더라도 언젠가 좋아질 테니 미래의 자신에게 밝은 희망을 품으라고 말해줍니다.

이 외에도 재미있고 교훈적인 책을 찾아 즐겁게 책 읽기를 해보세요.

DAY 67

고전은 오랫동안 사람들에게 사랑 받은 책이란다

99

자신뿐 아니라 다른 사람을 긍정적으로 보게 하는
고전의 힘

□ ***Check*** 고전을 읽으면 '어느 시대든 통하는 진리가 있다'는 깨달음을 얻을 수 있습니다. 등장인물들은 이야기 속에서 우정을 나누고, 갈등하기도 하며 살아가는데 이런 모습들은 현재 우리의 삶과도 닮아 있습니다. 몇 천 년 전에 살던 사람들과 서로 감정이 통한다는 의미이기도 합니다.

'인류란 이런 거구나', '인간이란 이런 생물이구나' 이 사실을 알게 되면 자신을 긍정하게 될 뿐 아니라 널리 인간을 긍정하는 마음이 생기게 됩니다. 고전의 힘을 아이도 느낄 수 있는 기회를 만들어주세요.

DAY 68

그리스 신화가 얼마나 재미있는 줄 아니?

아이를 부드럽게 혼내야 할 때

《그리스 신화》,《이솝 우화》

▢ ***Check*** 신화에는 상징적인 이야기와 교훈이 많습니다만, 순수하게 이야기로 즐길 수도 있습니다. 1화 분량이 짧게 정리되어 있어 읽기도 쉽지요.

신화의 세계에는 단순한 실패나 성공이 없고 여러 가지 요소가 섞여 있습니다. 그래서 신화 속 인물을 통해 본질적인 깨달음을 얻기도 합니다.

예를 들면, 그리스 신화에 나르키소스라는 미소년이 등장합니다. 그는 호수에 비친 자기 모습을 사랑하다 그만 호수에 빠져 죽고 맙니다. '나르시시즘(자기애)'이라는 말이 여기서 생겼습니다. 이 이야기를 통해 자신감은 중요하지만, 그것이 과도한 자기애로까지 이어지면 좋지 않다는 교훈을 얻게 되지요.

좋은 책을 읽으면 부모가 일일이 가르쳐주지 않아도 자연스럽게 여러 교훈을 얻을 수 있습니다. 대표적인 책이 《그리스 신화》와 《이솝우화》입니다. 만약 아이를 혼낼 일이 있지만, 심하게 혼내기는 좀 그렇다 싶은 상황이라면 고전 속 상황을 예로 들며 에둘러 주의를 줄 수도 있지요.

《이솝 우화》에서, 여우가 자신이 딸 수 없었던 포도를 두고 "저건 시고 맛없을 게 분명해"라고 정당화하는 이야기가 있습니다. 아이가 여우처럼 어떤 일과 관련해 핑계를 댄다면, "그거 '신 포도' 아니니?"라고 말해주는 겁니다. 그럼 아이도 부모님이 자신에게 어떤 주의를 주는지 이해하겠지요. 이처럼 고전은 여러 방면으로 효과가 있습니다.

4장

행복한 모범생을 만드는 엄마의 말

69~89 DAY

생활습관,
공부습관 잡아주는 시간

인성 키우기

공부습관 다잡기

DAY 69

통째로 외우면 상상하는 힘도 커져

99

암기 공부를 귀찮아하고
의미가 없다고 생각할 때

□ ***Check*** 암기 과목을 공부할 때면 필요도 없는 걸 외우기만 한다고 부정적으로 생각하는 경향이 있습니다. 그러나 암기는 아이의 인생에서 무기가 될 수 있습니다.

뇌 과학적으로 분석하면, 구구절절 그대로 외우는 '통암기' 능력은 중학생 때 정점을 찍습니다. 그리고 성장함에 따라 말을 깊이 이해하고 자신의 것으로 만들어, 에피소드 식으로 다른 사람에게 능숙하게 설명할 수 있게 됩니다.

즉, 자신이 기억한 바를 친구나 가족 등에게 끊임없이 말하여 뇌에 새기는 과정이 중요합니다. 이렇게 인풋과 아웃풋을 반복하면서 상상력이 계속 자라납니다.

통암기와 창조성이 서로 연관 없다고 생각할 수도 있는데요. 사실 통암기에는 창조력이 내재되어 있습니다. 에디슨은 브리태니커 백과사전(생활 상식부터 전문 지식까지 방대한 정보가 실려 있음)을 암기하는 것이 창조성의 기반이 된다고 여겼고, 실제로 백과사전을 외우기도 했습니다.

암기해서 완전히 내 것이 되면 교양이 쌓인다

일반적으로 통암기라고 하면 수학 공식이나 역사 연호 등을 떠올릴지도 모릅니다. 그러나 저는 문학 암기를 추천합니다. 문학 암기는 아이의 뇌발달에 좋은 효과를 냅니다.

뛰어난 문장에는 위대한 작가가 엄선하여 선택한 말이 또렷하게 새겨져 있습니다. 이것들을 기억해서 내 안에 쏙 담아 두면 역경을 이겨낼 강한 힘을 갖게 됩니다. 모호하게 외우는 것이 아니라 우선 읽고 써보며 한 구절도 틀리지 않게 그대로 암기하게 합니다. 이렇게 하면 아이의 국어 능력과 사고력 향상에 큰 도움을 주고 교양이 쌓입니다.

교양은 매우 중요합니다. 일본 헤이안 시대 귀족 사이에서는 유명한 문장을 낭송하는 문화가 있었습니다. 그들은 교양을 쌓기 위해 수백 가지의 시나 한자 문장을 암기했습니다.

교양이 있다는 것은 암기하고 있다는 의미입니다. 말과 자신을 일체화하는 암기를 통해 정보를 교양으로 승화하는 것이지요. **암기를 통해 교양을 쌓아가는 것은 인생에서 중요한 선택을 할 때 틀림없이 도움이 됩니다.**

DAY 70

다섯 번 얘기했는데 몇 번 더 얘기하면 될까?

계속 주의를 줘도
아이가 말을 듣지 않을 때

□ ***Check*** 몇 번이나 주의를 줘도 아이가 말을 듣지 않는다면, 다른 방법을 써야 합니다.

행동을 고치려면 생각을 바꿀 필요가 있습니다. 그리고 생각을 바꾸는 일이라면 5번의 주의로는 부족할 수도 있습니다. 어쩌면 20번째 바뀔 수도 있으며, 40번, 50번 말해줘야 바뀔지도 모릅니다. 아이에 따라 변화를 받아들이는 시기가 다르다는 뜻입니다.

운동 경기에서 보이는 실력 향상도 똑같습니다. 어떤 아이는 철봉 체조에서 거꾸로 오르기를 한 번에 성공했지만, 어떤 아이는 30번째 간신히 성공할 수 있습니다. 할 수 있게 되기까지 필요한 횟수는 사람마다 다릅니다.

몇 번이고 주의를 줘도 듣지 않는다면 이 '몇 번'이 아직 부족하다고 생각해야 합니다.

몇 번 주의를 주었는지 세어서 알려준다

마쓰시타 전기(현 파나소닉)의 창설자인 마쓰시타 고노스케 씨는 다음과 같은 말을 남겼습니다.

"몇 번이라도 같은 말을 반복하려고 합니다. 왜냐하면, 사람이란 금방 잊어버리기 때문입니다."

엄마는 아이에게 몇 번이라도 같은 말을 해야 한다고 당연히 생각해야 합니다. 이때는 몇 번 주의를 주었는지 실제로 세어볼 것을 권합니다.

예를 들어, 아이가 좋지 않은 언행을 할 때마다 매직으로 '正(바를 정)'을 쓰는 겁니다.

"팔꿈치를 괴고 먹지 않는다. 이걸로 19번째야."

이런 식으로 하는 것이지요. 그러면 머지않아 '30번이나 똑같은 소릴 들었네'라는 생각이 든 아이가 나쁜 행동을 고칠 겁니다.

양은 어느 일정한 단계에 도달하면 질적 변화를 일으킵니다. 이를 양질전화量質轉化라고 하는데요. 여러 번 말해야 고칠 가능성도 높아집니다.

몇 번 말해도 아이가 잘못된 행동을 멈추지 않는다면, 습관이 들어 버렸다는 의미입니다. 그러니 **그 행동을 고치려면 최소한 습관이 든 시간만큼이라도 엄마가 끈기를 발휘해야 합니다.**

DAY 71

방금 무슨 일이 있었는지 되짚어서 말해볼래?

아이가 나쁜 습관을
고치지 못할 때

▢ ***Check*** 처음부터 아이가 엄마의 말을 전혀 듣지 않는 느낌이 들 때가 있습니다. 그러면 아이가 제 모습을 객관적으로 볼 수 있도록 해줍니다.

만약 아이가 식사 중에 팔꿈치를 괴고 있는데, 아무리 주의를 주어도 그만두지 않는다고 가정해봅시다. 이때 사진을 찍어서 보여주는 것도 방법입니다.

"방금 어떤 상태였는지 알고 있니? 봐, 팔꿈치를 괴고 있지?"라고 물으면서 사진을 보여줍니다. 아이도 막상 사진을 보면 "괴고 있지 않아"라고 말할 수 없겠지요.

아이는 제 모습을 객관적으로 보지 못합니다. 그래서 그것을 영상이나 사진으로 찍어서 보여주면 '내가 이러고 있구나'라고 깨달을 수 있습니다. 이 깨달음은 나쁜 버릇을 개선하는 데 도움이 됩니다.

아이의 잘못을 말싸움으로 해결하려 하지 말고 객관화 하기

방송인 다케이 소 씨는 대학에 들어가면서 육상 10종 경기를 시작했고, 2년 반 만에 일본 전국 챔피언이 되었습니다. "어떻게 하면 그런 일이 가능합니까?"라고 그에게 질문하자 이렇게 대답했습니다.

"뇌가 명령하고 몸이 그대로 움직이면 반드시 좋은 결과가 나옵니다. 그것이 잘되지 않는다면 뇌와 몸의 연결 상태가 좋지 않은 겁니다."

뇌와 몸의 연결 테스트는 다음과 같습니다. 우선 눈을 감고 손을 수평으로 뻗어봅니다. 그런 뒤 눈을 뜨고 거울로 확인하면 왼손이 약간 위로 올라가 있는 등 자세가 틀어져 있음을 발견할 수 있습니다.

다케이 소 씨는 그런 미묘한 부분을 객관적으로 살펴서 서서히 고쳤다고 합니다. 자기 모습을 비디오로 촬영해 확인하기도 했다고 합니다.

다케이 씨처럼 훌륭한 선수도 거울로 확인하지 않으면 자세가 무너집니다. 하물며 아이가 자기 모습이 어떤지, 자신이 어떤 말투를 쓰고 있는지 알 리가 없지요. 그래서 아이는 "심한 말을 했잖니"라는 나무람에 "안 했어"라고 반박하는 것입니다. 그러므로 **우선은 '고치지 않으면 안 되는 상태에 있다'라는 객관적인 사실을 아이가 알 수 있게 합니다.**

DAY 72

어떻게 하면 좋을까?
네가 결정해

나쁜 말을 날려버릴
확실한 방법

▢ *Check* 아이가 부모의 이야기를 듣고 있지 않은 것처럼 보일 때가 있지요? 그럴 때 아이 스스로 한 번 더 말하게 하는 방법을 써보세요. 타인의 말은 대부분 한쪽 귀로 흘러나갑니다. 그래서 학교 선생님에게 주의를 들었음에도 잊어버립니다. 그러나 자신이 한 말은 내면에 깊숙이 파고듭니다.

스스로 "이걸 1년 목표로 할래"라고 말했다면 당연히 머릿속에 그 말이 길게 남습니다.

아이가 나쁜 언행을 하면 우선은 "방금 이런 행동을 했지"라고 확인하고 "어떻게 하면 좋을까?"라고 물어보세요. 그런 뒤 아이가 "이렇게 하는 게 좋아"라고 직접 말하게 합니다. 그러면 **이미 선언해 버린 상황이 되어 타인에게 같은 말을 듣는 것보다 지키기가 더 쉬워집니다.**

나쁜 말 사용을 멈추게 하는 3회 복창법

아이가 자신의 선언을 잘 지키게 하려면, 선언했을 때 그 대책까지 생각해 두는 게 좋습니다. '앞으로 친구에게 바보라고 하지 않는다'라고 정했으면, '바'라고 말을 뱉으려는 순간 거기서 멈춘다 혹은 '바바바바'라고 얼버무린다는 구체적 대책도 함께 마련하는 겁니다. 중간 단계를 생각해 두지 않으면 개선이 잘 되지 않습니다.

그리고 이 과정을 부모와 아이가 함께 밝은 모습으로 해야 합니다. 엄하게 혼내듯이 하면 강제로 시켜서 한다는 생각이 듭니다. 그러니 이렇게 대화를 이끌어보세요.

"누가 너한테 바보라고 하면 당연히 기분 나쁘겠지? 그런데 네가 남을 바보라고 하면 상대방도 기분 나쁠 거야. 그렇지?"

"응."

"그러니 네가 친구들에게 바보라고 하지 않으면, 친구들도 너한테 바보라고 하지 않을 거야."

"응."

"자, 그럼 이제 원칙을 정해보자. '친구들에게 바보라고 하지 않는다!' 하고 말해보는 거야."

"응."

"'응'이 아니라 입으로 외쳐야지. 자, 해보자. 하나, 둘!"

"친구들에게 바보라고 하지 않는다!"

"그래, 잘했어!"

마지막 부분의 "하나, 둘", "바보라고 하지 않는다"라는 대화는 3번 정도 반복하세요. 이것을 '3회 복창법'이라고 하는데요. 처음부터 끝까지 밝은 모습으로 하는 것이 요령입니다.

DAY 73

당장 고치지 않으면
어떤 일이 일어나는지 말해줄게

나쁜 습관을 왜 고쳐야 하는지
이해시키는 법

▢ ***Check*** 아이가 부모의 말을 이해하지 못하는 원인 중 하나는 근본적으로 이해하지 못했다는 데 있습니다. 즉, '왜 그것을 고치는 편이 좋은지' 이해하지 못한다는 것입니다. 그럴 때는 이 상태로 가면 어떤 난처한 일이 생기는지를 설명해줘야 합니다. '시연'이라는 전달 방식을 사용하면 어떨까요?

"만약 이대로 어른이 되면 어떨까? 엄마가 보여줄게."

엄마가 직접 아이의 눈앞에서 나쁜 예시를 보여주세요. 예를 들어, 아이가 밥 먹을 때 여기저기 돌아다닌다고 가정해보겠습니다. 그럴 때 아이에게 이렇게 말해주는 겁니다.

"강아지처럼 돌아다니면서 밥 먹는 어른이 있다면 어떨 것 같아? 한번 흉내내볼게."

그런 뒤 아이의 밥 먹는 모습을 그대로 재연해보세요. 물론 실제로 해보면 많이 민망할 겁니다. 그래도 그저 말로 전하는 방식보다 강력한 효과가 있습니다.

"이런 어른이 있으면 어때? 전혀 멋지지 않고 이것만으로도 사람들이 싫어하겠지?" 부모님이 다시 던진 물음에 아이는 정말 그렇겠다고 느낄 겁니다. 이처럼 '멋이 없으니까', '인기가 없으니까'라는 이유라도 괜찮습니다. 중요한 것은 아이가 왜 그 버릇이나 습관을 고치지 않으면 안 되는지를 이해하게 된 것입니다.

아이를 혼낼 때 지켜야 할 원칙 하나

혼내야 할 때 지켜야 할 원칙은 밝은 모습을 유지해야 한다는 것입니다. 어두운 분위기 또는 아이 앞에서 화를 드러낸 시점에서 아이는 마음의 문을 닫아 버립니다. 그리고 문이 닫힌 상태에서는 어떤 말도 머릿속에 들어오지 않습니다. 오히려 웃음이 더해져도 좋으니 '이런 식이 되겠지?'라는 느낌으로 가벼운 범위에서 재미있게 시연하면 됩니다.

DAY 74

이건 그냥 넘겨선 안 되는 거짓말이야

거짓말한 아이를
혼내야 할 때

▢ *Check* 엄마가 잘못을 지적할 때 아이가 거짓말을 하거나 거짓말처럼 느껴질 때가 있습니다. 그 상황에서는 이 거짓말을 넘겨도 되는 부류인지 넘겨선 안 되는 부류인지 잘 구분해야 합니다.

아무래도 상관없는 일이라면 '넘겨도 되는 거짓말'이므로 흘려보내도 괜찮겠지요. 어떤 학자는 아이가 무심코 거짓말을 한 경우에는 웃어주라고 하기도 합니다. 실없는 거짓말은 웃으며 넘길 만한 것도 있거든요.

하지만, 친구에게 심한 말을 했음에도 "그런 말 안 했어"라고 한다면, 그건 '넘겨선 안 되는 거짓말'입니다. 그럴 때는 확실하게 대응할 필요가 있습니다.

우선, 아이가 거짓말을 한 이유를 알아낸다

만약 넘겨선 안 되는 거짓말을 어떻게 대응하면 좋을까요?

거짓말임을 증명하는 방법이 있습니다. '이게 왜 거짓말인지' 단서를 잡는 거지요. 그러면 아이도 엄마에게는 거짓말이 통하지 않는다고 생각하게 됩니다.

하지만, 지나치게 파고드는 건 좋지 않습니다. 아이가 오줌을 실수로 지렸을 때 부끄러운 마음에 "안 그랬어"라고 거짓말을 했습니다. 그때 거짓말을 들추거나 야단을 친다면, 아이는 공격 당했다고 느끼게 됩니다. '난 필요가 없는 사람이야'라고까지 생각해 버릴 가능성도 있지요.

그러니 거짓말을 했을 때는 '무엇 때문에 거짓말을 하는 걸까?'라는 근본적인 부분을 확인하는 게 중요합니다. 만약 자기 자존심을 지키기 위해 거짓말을 하고 있다면, "그런 건 솔직하게 말해도 화내지 않을 테니 괜찮아"라고 말해줘야 합니다.

DAY 75

어디서 넘어졌어? 어쩌다 넘어졌어? 그때 다른 사람은 뭐 했어?

"

'거짓말일지도?'라는
생각이 들 때

□ *Check* 넘겨도 되는 거짓말이든 넘겨선 안 되는 거짓말이든 아이가 거짓말을 한 사실을 알게 되었습니다. 그럴 때 '넌 거짓말쟁이야'라는 질책은 하지 마세요. 그러면 '낙인 찍기'가 되어 버립니다. 그리고 아이는 머지않아 '어차피 믿어주지 않으니까' 하고 진실조차도 말할 수 없게 됩니다.

아이가 거짓말을 했다고 하더라도 바로 잊어주는 것 또한 중요합니다. 아이는 거짓말을 자주 합니다. 어른의 세계에서도 '거짓말도 하나의 방편'이라는 말이 있지 않습니까. 타인에게 받은 제안을 거절할 때 "죄송합니다. 그날은 뺄 수 없는 용무가 있어서요"라고 거짓말을 하여 원만하게 넘기는 일이 자주 있습니다. 애초에 거짓말은 누구든 합니다. 거짓말을 보는 관점을 조금 바꿔보세요.

세 번 질문하는 것의 효과

아이가 거짓말하는 것처럼 보여도 증거가 없어서 거짓말이라고 단정할 수 없을 때가 있습니다. 그럴 때는 아이가 스스로 이야기하도록 유도해보세요. 예를 들어, 아이가 얼굴을 다친 채로 집에 돌아왔습니다. 넘어져서 생긴 상처가 분명히 아닌데도 "넘어졌어"라고 대답하지요. 그럴 때는 세 번 질문해보세요.

"어디서 넘어졌어?"

"어쩌다 넘어진 거야?"

"다른 사람은 뭐 했어?"

이 질문 중 하나를 선택하는 게 아니라 이런 질문들처럼 세 가지 정도로 유형을 바꿔 질문을 연속해서 던지는 겁니다. 그렇게 상황의 모순점을 눈치챌 수 있습니다. 질문이 너무 과하면 심문이 될 수 있기 때문에 세 번의 질문에서도 모순점이 발견되지 않는다면 "알았어!"라고 답해주세요.

따돌림의 가능성이 보일 때도 "거짓말하는 거 아냐?"라고 하지는 마세요. "만약 이런 일이 있으면 엄마도 도와줄 수 있으니까 알려줘"라고 부드럽게 말씀하셔야 합니다.

또는 "정말 아무 일 없니?", "무리하고 있지는 않아?", "내가 해줄 수 있는 건 없어?"라고 세 번 정도 물어보면 좋겠지요. 그러면 아이가 "사실은 말이야…" 하고 말문을 열기도 합니다.

여기서 포인트는 거짓말이라는 말을 사용하지 않고 대화하는 것입니다.

DAY 76

거의 완벽하니까 이 부분만 고쳐보자

99

움츠러든 아이에게
효과적인 엄마의 말

▢ *Check* 농구 만화 《슬램덩크》에는 윤대협과 황태산이라는 선수가 나옵니다. 윤대협은 실력이 뛰어나고 대범한 성격입니다. 반면에, 황태산은 섬세하고 자존심이 강하며 사람들의 환호를 갈망합니다. 그런데 감독은 성격을 잘못 파악해서 황태산에게만 엄하게 대합니다. 결국 황태산은 감독을 향해 소리치며 폭발해 버리지요.

사람마다 기질이 다릅니다. 아이에 따라서도 엄하게 대해도 괜찮은 타입과 엄하게 대하면 안 되는 타입이 있습니다. 그러므로 아이의 기질에 따라 주의를 주는 방식을 바꾸어야 합니다.

주의를 받으면 움츠러들어 아무것도 하지 못하거나 스트레스를 받는 아이에게는 부정형을 긍정형으로 바꿔 말하는 방식을 써야 합니다. "이렇게 하면 안 돼"가 아니라 "이러면 돼"라고 하는 거지요. 어떤 부정적인 말도 반대로 표현하면 긍정적인 말로 바꿀 수 있습니다.

부정적인 말을 해야 할 때
'긍정의 샌드위치 화법'

부득이하게 부정적인 말투를 써야 할 때는 '긍정의 샌드위치 화법'으로 전달해보세요.

"거의 완벽하니까 이 부분만 고쳐보자. 더 좋아질 거야."

긍정 → 부정 → 긍정 순서로 말하는 방식입니다. 아는 변호사가 알려준 방법인데요. 기본적으로 대단히 좋은 점을 말한 뒤 다소 부정적인 부분을 포인트로 전달하고, 마지막에 앞으로의 비전을 제시하는 겁니다. 이 방법을 통해 아이가 도전하려는 용기를 가질 수 있다면 더욱 좋겠지요. 이거 하나면 어떤 것이라도 말하기 수월해집니다.

DAY 77

해주고 싶은 말의 포인트는 시간을 지키라는 거야

모두 지적하지 말고
하나만 정확히 말해야 할 때

□ *Check* 그렇지 않아도 움츠러들기 쉬운 아이에게는 이것저것 모두 주의를 주면 안 됩니다. 그럼 아이는 '나는 되는 게 하나도 없네'라고 좌절하게 됩니다. 그러니 주의를 주는 포인트를 하나로 정리하는 일이 매우 중요합니다.

테니스 코치를 하던 시절 "백핸드를 잘할 수 있게 되려면 어떻게 해야 좋을까요?"라는 질문을 종종 받았습니다. 그때 잘못된 점을 여러 가지 찾아내주긴 했지만, 그것들을 전부 지적하지는 않았습니다. 그랬다가는 선수의 실력이 전체적으로 나빠진다는 사실을 경험으로 알고 있었기 때문이지요.

"자세를 취할 때 왼쪽 팔꿈치를 뒤쪽으로 내리찍는다는 느낌으로 쭉 뻗어봐."

선수에게 이렇게 핵심만 전달했습니다. 그 선수는 팔꿈치 교정 연습에 매진했고, 그 후 백핸드가 상당히 좋아졌지요.

하나를 고치면 다른 부분도 좋아진다

"스매시를 잘하려면 어떻게 하는 게 좋을까요?"

이런 질문을 받았을 때도 비슷하게 대응했습니다.

"오른쪽 무릎 자세 좀 볼까? 오른쪽 무릎이 안쪽으로 들어가 있네. 그럼 오른쪽 무릎을 바깥으로 당긴다는 느낌으로 중심축처럼 고정해보자. 그러면 안정감이 생기니까."

이렇게 한 가지 주의만 주었기에 상대방도 그 점만 고치려고 애쓰더군요. 실제로도 그 점 하나만 고치면 다른 부분도 잘하게 됩니다.

아이에게 주의를 줄 때 포인트를 가늠한 뒤 하나만 정확히 전달하세요. 그 문제를 고치면서 다른 여러 부분도 저절로 좋아질 포인트를 잡아낼 수 있다면 더욱 좋습니다.

"공부할 때 시간에 신경을 좀 쓰자."

이 말을 하고 싶다면 이렇게 말해보세요.

"계속 앉아 있는다고 집중할 수 있는 건 아니니까 30분만 책상에 앉아 있어볼까?"

"5분도 10분도 괜찮으니까 정한 양은 끝내고 노는 게 어때?"

이것도 괜찮습니다. 초점을 어디에 두느냐에 따라 주의를 줄 포인트가 달라집니다.

Mom's words

"공부할 때 뭐 먹지 말고, 오래 앉아서, 문제집 한 단원은 풀어야지."

→ "30분만 집중해서 해봐."

"지금은 수학 숙제할 시간이야."

DAY 78

뒷정리를 잘하는 건 좋지만 다들 기다리게 하면 곤란해

잘못된 행동에
구체적으로 주의를 줘야 할 때

▢ ***Check*** ‘내가 한 행동 때문에 방금 주의를 받았다. 고로, 나란 존재 자체가 부정당했다.’

부정적인 아이가 말을 받아들이는 방식입니다. 아이가 움츠려 들지 않게 하려면 다음 두 가지를 기억해 두세요.

첫 번째는 구체적으로 주의를 줘야 합니다. 주의를 주는 포인트가 추상적이면 추상적일수록 자신의 인격이 잘못되었다고 생각하기 쉽습니다. 따라서 “넌 칠칠맞아”라고 하지 말고 “이 행동은 이런 이유 때문에 하면 안 돼”라고 구체적으로 말해야 합니다.

두 번째는 아이의 인격 외부에 있는 포인트를 말해줍니다. “넌 칠칠맞아"라는 것은 그 아이의 인격 내면에 있는 점 혹은 인격 그 자체를 부정하는 말하기 방식입니다. "이건 하지 말자", "이런 건 좋지 않아", "이런 점은 고쳐야 해"라는 식으로 외부에 있는 부분만 바꾸면 된다고 조언해줍니다.

저건 저거, 이건 이거!
구분하면 심리적으로 위축되지 않는다

주의를 줄 때 '하나를 보면 열을 안다'라는 마음으로 하면 안 됩니다. "이걸 할 수 없으면 넌 글렀어"라고 말하는 게 대표적인 예입니다. 무언가를 하지 못한다고 그 아이의 존재 자체가 부정될 수는 없습니다. 이러한 사고방식을 만사에 적용하면 세상에는 '글러 먹은 것투성이'가 되어 버릴 테지요. 따라서 좋고 나쁨을 구체적으로 구분하는 '시시비비'의 사고방식으로 아이를 대해보세요.

"이 행동은 나쁘지만, 이걸 해낸 건 훌륭해."

각 행동을 구분해서 생각하는 겁니다. **주의를 줄 때는 시시비비 사고방식을 적용해야 심리적 위축을 피할 수 있습니다.**

DAY 79

넌 정말로 괜찮다고 생각하니?

"친구도 하길래"
남 탓으로 돌릴 때 대처법

□ *Check* 아이가 무언가 나쁜 언행을 했을 때 남 탓을 하는 때가 종종 있습니다. 그런 예를 들어보지요. 아이가 나쁜 친구와 어울리다가 무리 안에서 물건을 훔치는 게 유행하자, 남의 물건에 손을 댔습니다. 그때 엄마가 "어째서 그런 짓을 했니?"라고 묻자, 아이는 "다들 하길래" 또는 "짝꿍이 하자고 해서"라고 대답했습니다. 이런 상황에서 무슨 말을 어떻게 해야 할지 참 난감할 겁니다.

이럴 때는 다음과 같이 대처해보세요.

"알았어. 그럼 넌 그 일을 어떻게 생각하니? 정말 그게 괜찮다고 생각해?"

"그게 좋다고는 생각 안 해"라고 대답한다면 또 질문을 던져보세요.

"그럼 친구들과 그렇게 말하자고 했구나. 왜 그런 행동을 한 거야?"

그럼 움찔거리면서도 대답해줄 겁니다.

"모두한테 미움받고 싶지 않아서."

거기까지 대화가 풀렸다면, 어느 정도 가닥이 잡힌 겁니다. 이때부터는 나쁜 무리와 계속 어울려서는 안 될 이유와 관련해 함께 이야기를 나눠볼 수 있습니다.

나머지 20퍼센트는 어떻게 생각하니?

내 아이가 집단 따돌림의 가해자임이 밝혀졌습니다. 그런데 "다른 애들도 다 했는걸" 혹은 "정우가 이건 따돌림이 아니라고 했어"라는 식으로 남 탓을 합니다.

이때 아이가 따돌림을 어떻게 생각하는지를 솔직하게 물어봐주세요. 사실 자신은 그게 좋지 않다고 생각하지만, 친구들과 관계를 망치고 싶지 않아 가담했을지도 모르니까요.

자신의 생각을 확실히 가지고 있다는 것은 중요합니다. 그러니 평소 아이에게 자기 생각을 물어봐야 합니다. 만일 '다른 아이의 의견을 말하고 있구나'라는 생각이 든다면, 퍼센트를 활용해 질문해보세요.

"네가 한 행동이 100퍼센트 따돌림이 아니라고 생각하니?"

그때 "아니"라고 대답하거나 고개를 젓는다면 다시 질문하세요. 이때 문틈에서부터 들어가는 듯한 느낌으로 질문을 이어가야 합니다.

"80퍼센트는 따돌림이 아니라고 생각한다면, 나머지 20퍼센트는 어떤 생각이니? 네 생각의 20퍼센트조차도 네가 한 행동이 따돌림이 아니라고 생각해?"

"아니, 따돌림 같아"라고 대답한다면 이렇게 말해주세요.

"그게 진짜 네 생각이야. 그러니 그 생각을 소중히 여기는 게 좋겠어."

DAY 80

다른 친구들은 그 친구들 사정이고 너랑 같을 수 없어

아이가 지나치게
자신을 정당화할 때

□ *Check* 아이가 매번 주변의 탓만 한다면 습관이 되었을 수 있습니다. 만약 아이가 남의 의견에 휩쓸리거나 실패했을 때 '남 탓'만 하는 어른이 되었다고 생각해보세요. 과연 사회생활을 잘 할 수 있을까요? 그런 사람은 바로 티가 나기 마련이지요. 당연히 취업도 힘듭니다.

따라서 아이의 책임 전가가 습관이 되지 않도록 지혜롭고 끈기 있게 대처해야 합니다.

"윤서가 준비하지 않아서 나도 안 했어."

"다른 애들도 그렇게 하던데. 그래서 나도 그렇게 했어."

이렇게 말할 때는 절대로 어영부영 넘기지 마세요.

"걔가 그런다고 너도 같이 할 필요는 없어"

부드럽게 말하면서 아이의 주체성을 바로 세워주세요.

과연 그것이 정말 정당한지 계속 생각해보게 한다

아이의 논리대로 엄마가 행동했을 때 어떤 생각이 드는지 고민해보게 하는 방법도 좋습니다.

"다른 엄마들이 엄하게 대하니까 엄마도 엄하게 대할게. 이런 말 들으면 무슨 생각이 들어? 이상하지?"

남 탓부터 하는 게 논리에 맞지 않다는 사실을 깨닫게 해주세요.

"재판하는 자리에서 친구가 물건을 훔쳐서 나도 똑같이 그랬다고 하면 용서받을 수 있을까? 둘 다 유죄 판결을 받겠지?"

재판을 예로 들어 아이에게 질문을 던져보는 것도 방법입니다. 아이가 "그러게. 정말 그러네"라고 생각할 계기가 될 테니까요.

이 방법은 아이가 누군가를 탓할 때 외에도 쓸 수 있습니다. 아이가 짜증을 내며 동생을 때렸다면 "재판에서 변명해보세요"라고 선언하는 거지요. 여차여차해서 동생을 때렸다고 하면 이렇게 물어보세요.

"그럼 동생이 뭔가 나쁜 행동을 했나요?"

"안 했어"라고 대답하면 다시 물어보세요.

"그럼 엄마가 동생을 때리라고 했나요?"

또다시 "안 했어"라고 대답하면 다시 물어보세요.

"그럼 방금 한 변명은 재판정에서는 통하지 않으니 유죄예요."

이렇게 재판하듯이 이야기해보세요. 꽤 효과가 좋습니다.

DAY 81

도라에몽이 뭐라고 말했더라?

”

무엇을 말해도
아이 반응이 심드렁할 때

□ ***Check*** 무엇을 말해도 아이의 반응이 심드렁한가요? 대개 이야기에 관심이 없는 상태일 때 그렇습니다. 원래 관심 없는 이야기는 머릿속에 잘 들어오지 않습니다. 그럴 때는 아이가 좋아하는 것에 비유해보세요.

"포켓몬에 이런 상황이 있지", "도라에몽이 이런 말을 하지 않았어?" 등 아이가 좋아하는 것을 예로 들며 이야기를 합니다. "포켓몬이 이렇게 했다면 어떻게 될 것 같아?"라고 가상의 상황을 현실의 일과 자연스럽게 섞어주는 게 좋습니다. 그러면 아이에게 물어보기가 훨씬 쉬워집니다.

걸으면서 대화를 나누면 마음의 문이 열린다

엄마가 긴 이야기를 계속 늘어놓으면 아이는 마음의 문을 닫아 버리기 쉽습니다. 1분만 지나도 더는 듣고 있지 않을 때도 있지요. 어느 코미디 콤비의 개그 중에 '문 닫아요, 드륵드륵!'이라는 멘트가 있습니다. 아이의 마음 또한 비슷할 때가 있습니다. 엄마의 눈에는 아이가 '마음의 셔터 내려요, 드륵드륵!' 하는 게 분명하게 보이지요.

이때 어떻게 해야 아이 마음의 문을 다시 열 수 있을지 생각해 봅니다. **아이에게 산책을 권하는 것도 좋습니다.**

"아이스크림 사러 편의점에나 갈까?"

이렇게 권한 뒤 걸으면서 이야기를 나누는 것입니다. 집에서 진도가 안 나가던 화제도, 장소를 바꾸면 의외로 대화가 잘 이어집니다. 걸으면서 이야기하면 상대방을 직접 쳐다보지 않아도 됩니다. 그래서 집에서 말하기 껄끄러운 화제도 비교적 쉽게 입 밖으로 낼 수 있습니다.

TV를 활용해도 좋습니다. TV를 보는 와중에도 웃으면서 "그래서 말이야"라는 느낌으로 이야기하는 거지요. TV가 도피처가 되어준 덕분에 부담 없고 편한 분위기가 조성되어 말문이 훨씬 쉽게 열립니다.

DAY 82

60%는 괜찮다고 생각하지만 40%는 어떤 생각이 들었어?

자꾸 폭력적인 말이나
욕을 할 때

□ *Check* 아이가 위험한 일을 당하지 않게 하려면 아이의 일상에 항상 주의를 기울여야 합니다. 아이가 최근 들어 이상한 말을 하는데 그 원인을 찾을 수 없다면, SNS가 문제일 가능성이 큽니다. 요즘은 SNS 관련 사건이 많이 일어나고 있습니다. 예를 들어, 여자아이가 중년 남성과 메시지를 주고받다가 실제로 만난다거나 "애니메이션 굿즈를 줄게" 등의 말을 듣고 따라갔다가 나쁜 일에 휘말리는 일도 종종 생기지요. 아이들은 그것이 위험한지 어떤지 아직 판단력이 부족합니다. 그러니 초등학생일 때는 SNS 사용을 통제해야 합니다.

아이가 편향된 주장을 하는 유튜브에 빠졌을 때 해야 할 일

아이가 위험한 사람과 메시지를 주고받고 있다는 사실을 알았다면 바로 그만두게 해야 합니다. 그럼, 혐오 발언을 하는 영상만 계속 보고 있을 때는 어떻게 해야 할까요? 생각이 한쪽으로 치우친 내용이 담긴 영상만 보는 아이는 타인을 비난하는 사람이 될 가능성이 큽니다.

그럴 때는 "너는 이 영상 속 사람이 말하는 게 정말 괜찮다고 생각해?"라고 물어보세요. 그리고 아이만의 생각을 끌어내는 겁니다. 앞서 말한 것처럼 퍼센트로 물으면 수월하게 대답할 수 있습니다. 아이가 "60퍼센트는 괜찮다고 생각해"라고 대답한다면 "나머지 40퍼센트는?" 하고 계속 물어보며 주체성을 잡아주는 게 좋습니다.

DAY 83

가격이 비싸다고 무조건 좋을까?

무턱대고 비싼 물건을
사달라고 할 때

□ *Check* 아이가 게임 아이템이나 인형 등 고가의 장난감을 갖고 싶어 할 때가 있습니다. 특히 최신 게임기는 고가의 상품이 많아서 쉽게 사줄 수 없지요. 그럴 때 아이와 갈등이 생기곤 합니다.

어떻게 대처하는 것이 좋을까요? 우선 '이건 비싸!'라는 사실을 이해시켜야 합니다. 아이는 돈을 벌어본 적이 없기 때문에 그것이 얼마나 비싼지 실감하지 못합니다. 이때 **실제로 현금을 이용해서 돈의 가치를 알려주면 좋습니다.**

"편의점에서 일하면 1시간에 이 정도 돈을 받을 수 있어. 거기서 세금을 이 만큼 내면 이것밖에 돈이 남지 않아."

우선 이렇게 운을 뗀 후 다시 이어서 설명해줍니다.

"네가 아까 사고 싶어 한 게임기를 사려고 아르바이트를 한다면 몇 시간 일해야 하는지, 네가 벌 돈이 어느 정도일지 한번 계산해보자. 최저시급으로 계산해서 30만 원짜리 장난감을 사려면 30시간은 일해야겠네."

이쯤 되면 아이도 난감한 표정을 지을 겁니다. 그때 한 번 더 말해주세요.

"30시간을 어떻게 일하지? 하루에 3시간씩 일해도 열흘은 걸려야 30시간을 채우겠네. 이렇게 고되게 일해야 벌 수 있는 돈으로 너는 비싼 게임기를 사고 싶어?"

대화가 여기까지 이르면 아이는 게임기가 쉽게 살 수 있는 것이 아님을 알게 될 겁니다. 이렇게 원하는 물건을 손에 넣기 위해서는 얼마나 큰 노력을 쏟아야 하는지 아이가 실감할 수 있도록 해보세요.

심부름을 통해 경제감각을 익히게 한다

아이가 아직 계산하는 방법이 서툴다면 다른 방법을 사용해봅니다. 심부름을 한번 시켜보세요. 식사하기 전에 테이블 닦기, 짐 나르기, 그릇 씻기 등 무엇이든 상관없습니다. 그런 뒤 "이걸 열흘 동안 해야 한다고 하면 어때? 엄청 힘들 것 같지?"라고 물어보세요.

그러면 아이도 자신이 갖고 싶어 하는 물건이 얼마만큼 일해야 손에 넣을 수 있는지 알게 될 것입니다.

DAY 84

처음에 살 때 많이 조르더니 요즘엔 잘 안 쓰네

"

비싼 물건을 살 때
엄마가 꼭 해야 할 말

□ *Check* 갖고 싶어 하는 것이 얼마나 비싼지를 이해시킨 후에도 아이가 사달라고 할 수 있습니다.

그럴 때는 그것이 정말로 꼭 필요한지 아닌지를 생각해보도록 하세요. 우선 "이걸 산 지 사흘 만에 질려 버리면 엄마도 슬플 거야"라고 말합니다. 그리고 대여 서비스를 이용하거나 친구들의 장난감을 빌려 써본 뒤 그게 정말로 필요한지 아닌지를 아이 스스로 생각하게 합니다.

또는 "저것도 비쌌는데 요즘엔 잘 안 쓰네?"라고 과거에 있었던 일을 지적하며 "그때 일을 생각하면 설득력이 좀 없지 않니?"

라고 말해보세요. 그럼 아이도 '당했다!' 하면서도 이해하겠지요.

반대로 "정말로 필요한 물건이라면 사도 돼"라고 말하는 것도 중요합니다. "이번에 산 장갑처럼 정말 오래 쓴다면 다음엔 더 좋은 걸로 사줄게"라고 하는 거지요.

"우선 장바구니에 넣어 둘게" 사고 싶은 마음이 유지되는지 본다

갖고 싶다고 바로 사는 건 충동 구매입니다. 충동 구매를 막으려면 시간을 두고 고르게 하거나 여러 번 생각하게 하는 것이 좋습니다.

"갖고 싶다는 마음은 알지만, 일단은 다른 것과도 비교해보자."

"우선 일주일 정도 생각해보자."

이렇게 제안해서 유예 기간을 두세요. 그리고 일주일 후에 다시 생각해보게 합니다. 그 사이클을 몇 번 반복했음에도 아이가 여전히 갖고 싶어 한다면 사주는 편이 낫습니다. 그러나 아이에 따라서는 '그렇게까지 갖고 싶지는 않아'라는 마음이 들기도 하니 시간을 두는 것이 중요합니다.

인터넷 쇼핑도 마찬가지입니다. 어떤 물건을 가지고 싶어 한다면 "그럼 우선 장바구니에 넣어 둘게"라고 대처하세요. 그리고 어느 정도 시간이 지난 후에도 여전히 갖고 싶어 하는지를 살펴봅니다.

어른도 갖고 싶은 물건을 바로 사지 않으면 나중에 그 물건을 사고 싶어 한 사실조차 잊어버리곤 합니다. 그러니 **무언가를 사기 전에 생각할 시간을 가져보세요.**

Mom's words

"저것도 비쌌는데 요즘엔 잘 안 쓰네?"

"우선 일주일 정도 생각해보자."

"정말로 필요한 물건이라면 사도 돼."

DAY 85

용돈을 어떻게 받는 게 좋을지 의논해보자

매월 용돈을 주면서
돈의 사용을 계획하게 하는 법

□ *Check* 용돈 주는 방법을 고민하는 부모들이 많습니다. 용돈을 계획적으로 사용해야 경제 감각을 익힐 수 있기 때문이죠.

매월 용돈 주는 방법을 사용해보세요. 시대는 다르지만, 저도 같은 방식으로 용돈을 받으며 자랐습니다. 초등학생 시절에는 하루에 300원을 받았는데요. 매일 받는 것이 번거롭고 어떤 날은 용돈을 썼어도 다른 날은 쓰지 않을 때도 있더군요. 그래서 언제부턴가 한꺼번에 9천 원을 받기로 했습니다. 어느 달은 부모님이 넉넉하게 1만 원짜리 지폐로 주셨지요. 저는 잠시 고민했지만, 1천 원을 돌려드렸습니다. 부모님은 괜찮다고 하셨지만, 저는 "하루에 300원이잖아"라고 사양한 뒤 저금통에서 거스름돈을 꺼내 돌려드렸습니다.

만약 제가 여윳돈을 대수롭지 않게 그대로 받았다면, 얼마 지나지 않아 '1만 원도 괜찮았으니 2만 원도 괜찮겠지'라는 생각을 했을 겁니다. 당연히 경제 감각도 느슨해졌고, 돈을 스스로 관리하는 능력을 키울 수 없었을 겁니다.

용돈을 사용할 때 분명한 기준을 정한다

용돈으로 얼마 주기로 정했다면 매월 그 금액만 주면 됩니다. 그래야 아이도 그 범위 내에서 용돈을 쓸 테고, 돈 쓰는 법을 통제할 수 있게 됩니다.

갑작스레 무언가가 필요해졌을 때는 그 필요성에 대해 부모님이 판단해주세요. 예를 들어, 신발 같은 필수품이 그렇습니다. 아이는 용돈을 편의점, 문방구에서 주로 사용하므로 그 외에 필수품은 마련해주기로 합니다. 필수품이라고 막 사주라는 말은 아닙니다. 신발이라면 '발이 들어가지 않게 되면 산다', '구멍이 뚫리면 산다' 등의 기준을 정합니다.

DAY 86

현금으로 물건 사고 나면 거스름돈 꼭 받아와

❞

지폐와 동전으로
물건 살 때 좋은 점

▢ *Check* 요즘에는 스마트폰이나 IC카드에 돈을 충전하면 바로 결제가 가능합니다. 이것을 이용해 돈을 충전해주는 형태로 용돈을 주기도 하는데요. 이 방식은 추천하지 않습니다. 경제 감각을 익히려면 실감이 나야 하기 때문입니다. 그러니 아이가 지폐와 동전을 사용하도록 해주세요.

IC카드에 1만 원을 충전한 다음, "편의점에서 마음대로 써도 돼"라고 아이에게 말했다고 가정해볼까요?

그러면 아이는 돈이 실제로 보이는 것이 아니라서 군것질을 하거나 장난감을 사며 계속 낭비할 겁니다. 자신뿐만 아니라 친구에게도 서슴없이 "필요한 대로 아이스크림 사"라는 식으로 돈을 써 버릴 수도 있지요.

얼마든지 돈이 있다는 착각

아이는 현금의 무게를 실제로 느끼며, 작은 지갑 속에서 짤랑거리는 동전을 찾아 값을 치르는 경험을 해보아야 합니다. 어른조차도 신용카드로만 구매하면 얼마든지 돈이 있다고 착각합니다. 이런 생각이 당연시 되면 빚을 지는 일도 대수롭지 않게 여기게 됩니다.

이처럼 돈을 쓰는 데 실감이 따르지 않으면 위험합니다. 그런 사태를 막으려면 **어릴 때부터 현금으로 경제교육을 해야 합니다.**

DAY 87

자꾸 용돈을 올려 달라고 하는데 어디 쓸 건지 알려줘

용돈을 올리는 것보다
원하는 것을 선물로 주는 방법

▢ ***Check*** 용돈을 올려 달라고 할 때는 우선 올려준 만큼 어디에 쓸지 꼭 물어보세요. 그때 '게임 아이템 구매' 등으로 대답한다면 더 자세히 물어보아야 합니다. 최근 스마트폰 게임에 돈을 많이 써서 고액 청구서가 날아오는 문제가 종종 생기고 있습니다.

거기까지 가지는 않더라도 용돈을 게임 사용료에 다 쏟아붓기도 합니다. 그러므로 게임을 허용하더라도 사용료가 나오는 항목은 하지 않기로 아이와 미리 합의해야 합니다. 치장에 관심이 많을 나이대의 여자아이라면 '꾸미고 싶어서'라고 말할 수도 있습니다.

그런데 이때 무조건 안 된다고 하면 아이가 무리한 방법으로 돈을 모으려고 할 수도 있습니다. 그럴 때는 '용돈을 올려서라도 무엇을 사고 싶은 이유'라는 주제로 대화를 나눠보세요.

"친구들은 다들 갖고 있으니까", "그게 없으면 친구들과 대화가 안 돼"라며 어떻게든 용돈을 더 원한다면 이런 방법도 생각해 볼 수 있습니다.

"그럼 생일 선물로 치자."

"좀 이르지만, 크리스마스 선물이야."

경제 감각, 절약이라는 말을 사용하면 좋은 점

아이 스스로 매월 무엇에 얼마나 썼는지 일기나 가계부에 적게 해보세요. 자신이 무엇에 돈을 쓰는지를 정확히 모른다면 어른이 되어서도 마찬가지입니다. 어릴 때부터 경제 감각을 키워야 합니다. **엄마가 경제 감각, 절약 같은 말을 자주 사용해도 좋습니다.** 이런 단어를 어릴 적부터 접한 아이와 그렇지 않는 아이는 어른이 되었을 때 돈을 쓰는 방식이 완전히 달라집니다.

DAY 88

분명 가격이 싸도 괜찮은 게 있을 거야

경제적 여유가 없을 때
엄마와 아이가 할 수 있는 일

▢ ***Check*** 경제적인 이유로 무언가를 포기하거나 다른 걸로 대체해야 할 때가 있습니다. 그런 상황에서는 어떤 선택지가 있을지 부모와 아이가 함께 생각해봐야 합니다. 사립 학교에 가고 싶지만, 돈이 없다는 이유로 바로 포기할 게 아니라 장학금이나 특기생 제도 같은 다른 선택지를 찾아보는 겁니다. 학원에 갈 수 없는 상황에서도 마찬가지입니다. 요즘에는 온라인에 저렴한 수업이 꽤 있으며, 유튜브나 인터넷에서 무료로 가르치는 사람도 많습니다. 그러니 우선은 선택지를 늘려보세요. 이런 것들을 아이와 함께 찾아보는 것도 좋은 경제교육입니다.

DAY 89

충분히 노력했는지만 생각해

시험 치기 전날
제 실력을 내게 하는 말

▢ ***Check*** 학벌로 아이의 인생이 모두 정해지지는 않지만, 높은 학력이 인생에서 유리하게 작용하는 것은 사실입니다.

입시를 앞두고 있다면 엄마는 어떻게 해야 할까요? 시험은 준비가 생명입니다. 몇 년의 시간 동안 합격을 목표로 착실하게 준비하도록 안정감을 주세요. 그리고, 불합격이라는 안타까운 결과가 나오더라도 그게 '실패'도 '패배'도 아니라는 사실을 알게 합니다. 아이와 미리 이런 이야기를 나누어서, 가족 모두가 같은 생각을 해야 합니다.

합격을 목표로 힘든 나날을 보내고, 노는 시간을 아껴 가며 쭉 공부했던 시간들은 틀림없이 진짜입니다. 결과가 불합격이라 하더라도 배운 것은 내면에 쌓여 앞으로의 인생에 훨씬 도움이 될 것입니다. '떨어지면 의미가 없어'라는 생각을 결코 해서는 안 됩니다.

그 점을 가족 모두가 제대로 인식해야 합니다. 또한, 아이가 떨어졌을 때 자신을 부정하는 낌새가 느껴진다면 그런 생각을 하지 못하도록 온 가족이 신경 써주세요. 그동안의 노력이 있었기에 아이는 1년 전보다 확실하게 성장했을 겁니다.

목표를 정하고, 그 목표를 향해 노력한 점을 정당하게 평가해주세요. 그리고 결과가 아쉽더라도 "도전이 잘못인 적은 결코 없다"라고 말해줘야 합니다. 그러려면 아이에게 부정적인 조짐이 없는지 잘 살펴봐야 합니다. 말을 걸 때도 "요즘 어때?"라고 막연히 묻지 마세요. 머릿속에 낀 안개를 말로 표현하는 아이는 드뭅니다.

아이가 불합격했다면 "떨어졌다고 친구한테서 무슨 말 들었어?", "그런 말 들어서 기분이 어때?"라는 식으로 구체적으로 물어보세요. 그때 부정적인 말이 나온다면, 네가 목표를 향해 꾸준히 노력한 덕분에 예전보다 많이 성장했다고 아낌없이 격려해주세요.

5장

흔들리지 않는 엄마의 마음으로

90~100 DAY

재미 붙이고
실력을 쌓는 시간

끈기	저절로 쌓이는 실력

DAY 90

이건 엄마와 아빠 모두의 생각이야

중요한 일은 미리 상의해서
아이에게 전달한다

□ ***Check*** 아이가 공부나 운동 등 자신의 일에 몰입하기 위해선 가정의 안정이 중요합니다. 지금부터는 아이에게 안정적인 지지를 보낼 수 있는 가정을 만드는 일에 관해 말하고자 합니다.

만약 아이가 엄마의 말을 무시하고, 아빠의 말만 듣다고 가정해봅시다. 그럴 때, 절대로 해선 안 되는 일이 있습니다. 바로 아빠에게 발언권을 완전히 맡겨 버리는 것입니다.

아이에게 주의를 줄 때도 아빠만 전담하면 갈수록 더 엄마 말을 듣지 않게 됩니다. 아이가 무언가를 부탁했을 때도 마찬가지입니다. 매번 "아빠가 허락하면 들어줄게"라고 대답하면, 엄마의 의견을 듣지 않게 됩니다. 그런 상황을 막으려면 **아이에게 말하기 전에 부부의 의견을 통일해야 합니다.** 만약 엄마와 아빠가 서로 다른 말을 한다면 아이는 혼란스러워집니다. 엄마가 "이렇게 비싼 장난감은 살 수 없어"라고 말했음에도 아빠가 "사도 괜찮지 않아?"라고 말해 버리면, 당연히 아빠 편을 들겠지요. 아이는 계속 자신에게 유리한 말만을 듣게 됩니다.

아이와 이야기를 나누기 전에 부부가 서로 의논한다

엄마와 아빠의 의견이 다르다면 아이에게 말하기 전에 의논하여 의견을 하나로 통일하세요.

"그럼 3개월 후에도 여전히 갖고 싶어 하면 사주는 게 어때?"라는 식으로 기준을 정한 뒤, "이게 엄마와 아빠 모두의 생각이야"라고 말합니다. 그러면 어느 한쪽의 말만 듣는 일을 막을 수 있습니다. 그러려면 아이와 커뮤니케이션 못지않게 부부의 커뮤니케이션이 중요합니다. 평소 부부 사이가 마냥 좋을 수는 없지만, 아이의 일에 관해서만은 단결해주셨으면 합니다. 무슨 일이 있어도 아이의 일에서는 확실하게 커뮤니케이션을 하기로 정해두세요. 결과적으로 그것이 부부를 더 단단하게 이어줍니다.

DAY 91

아빠가 분리수거를 해주는 덕분에 다른 일을 할 시간이 생겼어

아이 앞에서 상대를
무시하지 않고 칭찬하는 법

▢ ***Check*** 이번에는 아이가 엄마가 하는 말만 듣는다고 가정해봅시다. 그런 상황에서 엄마가 평소 아빠를 무시하는 발언을 하면 어떻게 될까요? 당연히 아이는 아빠가 하는 말을 점점 더 듣지 않게 됩니다. 그러니 "아빠는 무책임한 사람이야", "아빠는 집안일이라곤 모르니까"라고 말하면 안 됩니다.

그리고 아빠의 의견을 존중하는 행동을 해야 합니다. 예를 들면, 아이가 뭔가를 부탁하면 "이건 아빠가 결정할 일이니까"라고 말해보세요. 아빠에게 의견을 물어보러 가도록 유도하는 겁니다. 잠시 후, 아이가 "아빠가 그래도 된대!"라고 하면 "좋아. 그럼 그렇게 해"라고 반응해주는 거지요.

영역별로 누가 결정권을 가질지 미리 이야기해 두는 방법도 좋습니다. 발언권이 약한 쪽의 의견을 강한 쪽이 존중하며, 발언권이 약한 쪽의 의견을 아이가 직접 물어보게 하는 겁니다.

부부가 함께 의논하고 확인한다

예전에는 어머니가 자상하고, 아버지가 엄격하다는 가정 내 역할 분담이 있었습니다. 그래서 아이가 나쁜 길로 빠지려 하면 아버지가 나서서 꾸짖었지요. 어머니는 이런 상황에서 뒤로 빠져 있었습니다. 그러나 이제는 세상이 바뀌었습니다. 부모 중 어느 쪽이 엄한지 단정 짓기가 힘들어졌습니다. 이럴 때일수록 부부가 서로를 더 존중해주고, 많은 대화를 나누어야 합니다.

'위험한 일에 휘말린 것은 아닌지', '물건을 훔치고 있는 것은 아닌지' 하는 문제가 의심된다면 부모가 협력하여 확인해야 합니다. 그래야 아이가 사건에 휘말리는 사태를 방지할 수 있습니다.

DAY 92

이건 바로 결정하기 좀 어렵네. 잠깐 상의하고 알려줄게

부부 사이에 아이 문제로 의견이
엇갈렸을 때

□ ***Check*** 아이의 진로, 양육방식과 관련해 부부의 의견이 맞지 않을 수 있습니다. 미리 이야기를 나누어 의견을 일치시킬 수 있다면 이상적이지만, 현실적으로 그러기가 쉽지 않은데요. 그래도 아이 앞에서 입씨름을 하면 절대로 안 됩니다.

우선 아이에게 "잠깐 기다리고 있어"라고 한 뒤 부부만 장소를 옮겨 의논해보세요. 일종의 하프 타임을 가지는 겁니다. 거기서 의견 합의가 이루어지면 아이에게 결과를 전달하세요. 아이의 의견을 들어본 후에 이야기를 나누어도 좋겠지요.

객관적으로 문제를 인식한 다음에 대책을 생각한다

그런데 아무리 의논해도 합의가 이루어지지 않을 때가 있습니다.

예를 들어, 엄마가 아이의 학습 부진과 관련해 여러 가지를 조사해보았고, 발달장애를 의심하게 되었다고 합시다. 이때 아빠가 "뭐 그 정도로 심각하게 생각해. 애들이 다 그렇지"라고 한다면 의견이 일치하기 힘듭니다. '병원에서 진찰 받아야 하는가'라는 문제에서 이미 두 사람의 의견이 갈라졌으니까요.

부부 사이의 문제를 객관적인 자료를 가지고 분석해도 좋습니다. 지금은 책이나 웹사이트에 간단한 점검표가 많이 올라와 있습니다. 그래서 엄마가 "이런 점검표가 있던데, 우리 아이는 그중 몇 개에 해당할 것 같아?"라고 아빠에게 물어보는 거지요. 그리고 아빠가 예상치를 말하면 실제 결과를 비교해 보여줍니다.

이런 식으로 정보를 공유하면 아빠는 심각하지 않다고 말하기 힘들 겁니다. 아내의 마음을 이해하고, 문제의 심각성도 인식하겠지요. 이렇게 부부가 인식을 공유한 뒤 대책을 고민해보세요.

DAY 93

너도 소중하고 엄마도 소중해. 우린 함께라서 행복해

'운명 공동체'라고 생각하면
엄마의 자존감도 올라간다

□ ***Check*** 아이의 문제상황을 마주하다 보면, 일시적으로 부모의 자존감이 낮아지는 일이 생깁니다. '난 부모 자격이 없는 게 아닐까?', '이런 짓을 하다니 난 부모로는 빵점이야'라고 생각하기도 하는데요.

이럴 때는 차라리 엄마로서의 부담감을 내려놓고, 아이를 함께 사는 동료, 또는 운명 공동체라고 생각하면 어떨까요?

'생활을 함께한다'라는 데는 다양한 의미가 담겨 있습니다. 가계를 합친다거나 같은 집에서 사는 등 부모, 자식 외에도 여러 가지가 있지요. 그러므로 수직 관계만으로 가족을 생각하지 마세요. **함께 생활하는 사람들이라는 수평 관계로 인식을 전환해야 엄마의 무게가 덜어집니다.**

부모, 자식 관계가 아니라 사랑하고 협력할 공동체로 인식해본다

여러 명의 타인이 한 공간을 사용하는 생활방식이 늘어나고 있는데요. 이때 규칙이 필요합니다. 몇 시에 밥을 먹는지, 몇 시에 누가 욕실을 쓰는지 등의 문제를 고려해야 할 테고, 욕조를 쓰면 청소를 한다든지, 화장실 휴지가 다 떨어지면 새것으로 갈아 놓는다든지, 몇 주째 어느 요일에는 누가 쓰레기를 내놓는다든지 등 상세한 생활 규칙도 정해야 하지요. 그러기 위해 모두 모여 의논하고 규칙을 정합니다. 그 과정을 통해 유대감이 단단해집니다.

가정도 마찬가지입니다. 가족 안에도 개인이 존재하며, 각 존재가 관계를 맺고 생활 공동체로 살아간다고 생각을 전환해보세요. 그러면 '부모 자격이 없어'라는 고민을 하기에 앞서 문제상황을 객관적으로 보고 해결방법을 찾을 수 있습니다.

DAY 94

그냥 착한 것보다 중요한 것이 있어

착한 아이보다
이타심을 갖춘 아이로 자라게 하는 법

□ ***Check*** 가족을 운명 공동체라고 생각하고, 생활할 때 지켜야 할 규칙을 가족 모두가 함께 정합니다. 아이는 정해진 규칙을 지키는 과정을 통해 점점 야무진 어른으로 성장할 것입니다.

어느 집에서는 집 안 화장실 휴지가 다 떨어졌을 때 마지막으로 쓴 사람이 새로 갈아 놓지 않으면 무척 혼이 났다고 합니다. 사소한 일이지만 한번 정한 규칙을 지키는 건 이타심과 관련이 깊습니다. 사회생활을 할 때는 착한 것보다 규칙을 지키는 것이 더 중요합니다. **남을 위해 규칙을 지키는 것, 즉 이타심은 사회생활에서 중요한 요소임을 명심해야 합니다.**

그저 착한 아이인지, 아닌지를 판단하는 건 잘못된 평가다

따라서 아이를 '착하게 키우기'보다는 '이타심을 지니도록 키우기'를 목표로 해야 합니다. 왜냐하면, 착한 아이인지 아닌지의 기준은 항상 부모와의 관계에서 정해지기 때문입니다. 그에 반해, 이타심이 있는지 없는지의 기준은 항상 사회와의 관계로 정해집니다. 그러므로 이타심을 길러주는 것을 육아의 기본으로 생각합니다. 그러면 부모라는 점을 과하게 의식하지 않게 되어 부담이 줄어듭니다.

아이와 함께 전철에 타고 옆사람이 자리에서 일어났을 때, 좌석 위에 빈 페트병이 방치되어 있다고 가정해볼까요? 우리가 버린 것이 아니므로 신경 쓰지 않아도 상관없습니다. 그래도 "어떻게 할까?"라고 아이에게 물어봐야 합니다. 그리고 대답을 기다리세요. 대부분 "이런 건 좋지 않아"라고 대답할 것입니다. 그때 아이와 의논해서 빈 병을 쓰레기통에 버리기로 정한 뒤 행동에 옮기세요. 이런 실천을 함께해보는 것만으로도 이타심을 기를 수 있습니다.

DAY 95

엄마 말고 누구한테 배우는 게 좋겠어?

엄마가 가르쳐야 할 것과
다른 사람이 가르쳐야 할 것

▢ *Check* 때로는 엄마나 아빠가 아이의 공부를 봐주거나 운동을 함께하기도 합니다. 그때 아이가 제대로 따라오지 못하면 무심코 발끈해 버리고 한참을 후회합니다.

아빠는 "왜 항상 화를 내?"라고 말하고, 엄마는 "그럼 당신이 가르쳐주든가"라고 받아치지요. 내 아이가 뭐든 잘하길 바라는 마음이 초조함을 부른 겁니다. 이처럼 부모는 자녀에게 냉정해질 수 없습니다.

부모 말고 다른 사람에게 배우는 편이 효과적일 때가 있다

작가 고다 아야는 〈이 세상의 학문〉이라는 수필에서 이렇게 말합니다.

어느 날, 한 아버지가 딸에게 《논어》를 가르쳐주고 싶다고 생각합니다. 아버지는 박식했기에 직접 가르치는 것이 가능했지만, 직접 딸에게 가르치지 않았습니다. 대신 학문에 밝은 할아버지를 모셔와 딸을 가르치게 했습니다. 그 할아버지는 딸에게 《논어》를 가르쳤으며, 여러 명소로 딸을 데려가 세상의 많은 것들을 경험하게 했습니다. 그렇게 아버지는 '이 세상의 학문'을 딸에게 가르쳐주었지요. 아버지는 부모 이외의 사람에게 맡기는 편이 더 낫다고 생각해서 그렇게 했을 겁니다. 그래도 할아버지를 모셔와 가르치게 했다는 '세팅'은 부모의 영역입니다.

대신, 아버지는 딸에게 청소하는 법 등을 상세하게 가르쳤습니다. 닦기, 물청소, 걸레 너는 법 등 하나에서 열까지 전부 가르쳤지요. 이것만으로도 대단하지 않나요? **부모가 해야 하는 일과 하지 않아도 되는 일을 구분한다**는 점에서 아버지는 정말 현명한 사람이라고 할 수 있습니다.

DAY 96

화 내서 미안해.
화해의 뜻으로 맛있는 저녁 먹을까?

열이 올라
화를 내고 말았을 때

□ ***Check*** 울컥 화가 나서 아이에게 큰 소리를 칠 때가 있지요. 그때 무언가를 사주는 일을 하면 안 됩니다. 차라리 외식을 하는 것이 좋습니다.

"아까 큰 소리 내서 미안해. 화해의 뜻으로 맛있는 거 먹으러 갈까?"

아까의 실수를 만회하는 애교 섞인 제안입니다. 장소는 패밀리 레스토랑처럼 아이가 좋아할 만한 곳이 좋겠지요. 어디든 함께 밖에 나가 밥을 먹는다는 게 중요합니다. 장소를 바꾸면 어느샌가 불편한 분위기도 사라지니까요.

가족이란 서로 다투다가도 다음날이 되면 다시 스스럼없이 생활할 수 있는 관계입니다. 함께 아침 식사를 할 수 있어 전날 있었던 일로 생긴 어색함도 빨리 깰 수 있지요. 가족끼리는 자연스럽게 '흘려보내기'가 가능합니다. 그래도 제가 외식을 추천하는 이유는 집이라는 폐쇄적인 공간에서 떠나 새로운 대화의 공간을 마련할 수 있기 때문이지요.

장소를 바꾸면 불편한 분위기도 사라진다

평소에 가족끼리 '이날은 외식한다'라고 정해 놓아도 좋습니다. 저렴한 식당이라도 함께 시간을 보낼 수 있다면 상관없습니다. 2주일에 한 번 정도 가족끼리 외식하는 습관을 들이는 게 핵심이니까요. '엄마도 매일 식사 준비하는 건 힘드니까'라는 이유도 좋겠네요.

외식을 하면 어떤 점이 좋을까요? 전날 다투었다고 하더라도 '오늘은 외식하기로 한 날이니까'라는 이유로 가족과 함께 나갈 수 있는 구실이 생깁니다. 기분이 풀리지 않았어도 '어쩔 수 없지'라는 느낌으로 집에서 나와 식사하는 동안 자연스럽게 평소 분위기로 돌아갈 수 있습니다.

정기적으로 방문하는 식당을 정해 두는 것도 좋은 방법입니다. 자연히 그 식당 직원과도 사이가 좋아지므로 가족끼리 서로 어색함이나 악감정을 풀지 못해 분위기가 처졌을 때 그 직원이 구원투수로 등판할 수도 있지요. 주문을 하려면 직원과 말을 해야 하고, 그렇게 대화가 가족이 아닌 다른 이에게 옮겨 가면 서로의 긴장감을 풀 수 있어 좋습니다.

DAY 97

빨리 재미있게 배우려면 누구에게 배우는 게 가장 좋을까?

아이와 성향이 잘 맞는 사람이
필요한 순간

▢ ***Check*** 엄마는 아이에게 많은 것을 가르쳐줍니다. 그렇다고 엄마가 모든 것을 가르쳐야만 하는 것은 아닙니다. 부모 말고 다른 사람과 소통하는 것도 무척 중요하거든요.

부모가 하는 말은 듣지 않아도, 대학생 형이나 누나의 이야기는 잘 듣는 아이가 있습니다. 그런 아이는 자신과 성향이 맞는 형에게 무엇을 배우면 더 즐겁고 빨리 배우게 됩니다. 따라서 **무엇을 가르칠 때 성향이 맞는 사람에게 배울 수 있는 환경을 만들어주는 방안도 생각해봅니다.** 그러기 위해서 먼저, 얼마나 자주 다른 사람과 만나게 해줄 수 있는지를 생각해봅니다. 친척이나 지인 중 신뢰할 만한 사람이 있는지 살펴보고, 여러 정보들을 찾아보세요.

한 분야를 전문으로 하는 과외 선생님에게 배우게 해도 됩니다. 그들은 꾸준히 공부해온 경험이 있으며, 아이의 마음을 사로잡는 요령도 지녔을 겁니다. 물론, 인격 면에서도 신뢰할 수 있어야 합니다.

친척, 지인, 학원 선생님 등 부모 말고 다른 '선생님'을 찾는다

이때 부모, 아이, 선생님이라는 세 사람의 관계성을 잘 연결하는 것이 중요합니다. 부모님이 "선생님이 그렇게 말씀하셨으니 이걸 해보자"라고 선생님의 의견을 뒤에서 밀어주는 형태로 자신의 의견을 전하면 비교적 말을 잘 듣습니다.

그리고, 아이를 잘 봐주는 선생님의 말에서 예상하지 못한 아이의 능력이나 가능성을 깨달을 수도 합니다.

"내성적이지만 성실히 꾸준하게 노력하는 아이예요."

"처음 접하는 것에도 겁내지 않는 아이예요."

선생님의 한마디에서 아이의 미래에 대한 힌트를 찾아보세요.

DAY 98

건강한 몸과 마음으로 집중하는데 뭔들 못하겠니!

체력이 되면
오래 버틸 힘이 생긴다

□ ***Check*** '나중에 아이가 고생하지 않도록 어릴 때부터 해줄 수 있는 것은 모두 해주고 싶다.'

이렇게 생각하는 엄마들이 많습니다. 어릴수록 잠재력이 크기 때문에 당연히 무엇을 어떻게 시켜야 할지 고민이 많습니다. 아이가 호기심이 왕성하고 하고 싶은 것도 많다면, 무엇부터 해줘야 할지 갈피를 잡지 못하기도 합니다.

한 교육자는 이런 말을 남겼습니다.

"먼저 수신獸身을 이룬 뒤 인심人心을 기르라."

신체의 에너지부터 잘 다진 후, 책을 읽거나 공부를 하여 마음을 닦으라는 의미지요.

과거에는 오늘날만큼 의술이 발달하지 않았기에 병에 걸려 사망하는 경우도 많았습니다. 그래서 아이가 건강하게 자라는 것만을 바라던 때도 있었습니다. 건강의 소중함은 의학이 발달한 현대에도 마찬가지입니다. 먼저 아이에게 건강한 몸부터 선물해 주는 게 어떨까요?

무언가에 열중하게 하는 힘은 건강 에너지에서 나온다

건강한 신체는 단순히 운동을 잘할 수 있다는 의미가 아닙니다. 아이가 에너지를 방출할 수 있게 해주는 것이 핵심이지요.

제기를 계속 멈추지 않고 차거나, 몇 시간이나 피아노를 치거나, 퍼즐놀이를 한번 시작하면 멈추지 않거나, 혹은 물놀이나 진흙놀이라도 상관없습니다. **무언가에 열중할 때 그 에너지를 지속할 수 있는 체력이 필요합니다.** 아이가 건강 에너지로 가득 찬 상태를 오래 유지할 수 있도록 체력을 기르는 데 힘써주세요.

DAY 99

밖에서 뛰어노는 것처럼 마음껏 해볼까?

공부 열정을
끌어내야 할 때

▢ *Check* 예전에는 오늘날만큼 오락거리가 많지 않았습니다. 그래서 아이들은 매일 밖에서 놀며 생활했습니다. 그러나 요즘에는 실내 놀이 공간이 늘어나고 밖에 나가지 않아도 재미있게 시간을 보낼 수 있습니다. 하지만 이런 실내 환경 속에서 아이가 에너지를 제대로 방출하고 있는지 주의깊게 살펴야 합니다.

마음의 에너지는 근력 훈련과 마찬가지로 부하를 걸어주어야 한계치가 늘어납니다. 즉 100퍼센트의 에너지를 전부 사용해야 100이었던 한계치가 105로 높아집니다. 그리고 다시 100퍼센트의 에너지를 써서 한계치를 105에서 110으로 높여줍니다.

그러므로 아이가 자신이 가진 에너지의 총량에서 몇 퍼센트를 끌어내고 있는지 세심히 관찰해보세요. 매일 70퍼센트의 에너지로 하루를 보내고 있다면 아이의 에너지양은 정체되고 맙니다.

마음의 에너지를 끌어낼 수 있도록 도와준다

에너지를 쓰면 몸이 개운해지면서 기분이 좋아집니다. 그리고 그 점을 아이 자신도 잘 알고 있습니다.

야구 배팅 연습장에서 실컷 스윙해서 녹초가 되었을 때, 부모님과 함께 캐치볼을 한 뒤 돌아갈 때 '오늘 즐거웠어!' 혹은 '정말 기분 좋아!'라는 생각이 든다면 에너지를 한계까지 전부 쏟아낸 것입니다. 당연히 아이는 매우 기쁘고 개운할 겁니다.

이때 **목표 수치를 정하면 아이의 충만감을 더 높일 수 있습니다.** 공 100번 던지기, 20분 달리기 등 수치를 정하면 아이는 자신의 성장세를 볼 수 있습니다. 당연히 성취감이 커지고 열심히 한 자신을 긍정할 수 있게 되지요.

또한, 누군가와 무언가를 함께 하는 과정을 통해 더 즐겁다는 감정을 키울 수 있습니다. 그러니 축구를 좋아하는 아이라면 함께 축구를 하고, 노래방을 좋아한다면 함께 노래를 불러주세요.

DAY 100

엄마는 너를 사랑해. 항상 응원할 거야

엄마가 바라는 아이의 모습을
솔직하게 말한다

□ *Check*

《논어》에는 공자와 그의 아들 이야기가 실려 있습니다. 공자가 뜰에 있을 때 그의 아들이 마침 근처를 지나갔지요. 그 모습을 본 공자는 아들을 불러세운 뒤 이렇게 물었습니다.

"그러고 보니, 너는《시경》을 읽었느냐?"

"아니요, 아버지. 읽지 않았습니다."

"그래? 그럼 이제라도 읽어보려무나."

이 일화에서 우리가 배울 점은 부모와 자식 사이에는 이야기를 나눌 소재와 타이밍이 항상 있다는 사실입니다.

한편, 공자는 아들과 제자에게 같은 조언을 했습니다. '내 아들에게만 은밀히 전수해줘야지'라는 생각은 하지 않았지요. 모두에게 좋다고 생각하는 바를 순수한 마음으로 솔직하게 전한 겁니다.

자신이 중요하게 여기는 바를 적절한 타이밍에 '중요한 거니까'라고 솔직하게 알려주는 것! 이것이 아이를 가르치는 기본자세입니다. 그러면 아이는 스스로 깨닫고 자신이 걸어가야 할 길을 지치지 않고 걸어갈 힘을 얻게 됩니다.

꾸준히 공부하게 하는 힘
적절한 타이밍에 응원하는 말

채플린의 어머니는 채플린에게 역사를 가르칠 때 성대모사를 하면서 가르쳤다고 합니다. 채플린은 그것이 무척 인상적이었다고 회고했지요.

엄마가 연극처럼 에피소드를 들려주면 아이는 더 잘 기억할 수 있습니다. 연기에는 소질이 없다고 걱정하실 분도 있겠지만, 이야기의 일부를 익살스럽게 이야기하는 것만으로도 충분합니다. 엄마만의 재미있는 방식으로 아이에게 말해보세요.

오드리 헵번은 마음에 드는 시를 아이들에게 들려주곤 했다지요. 그 시를 배운 아이들은 시에서 나온 말을 공유하며 썼다고 합니다. 이처럼 중요하다고 생각해서 솔직하게 전해준 것들은 아이들에게 자연스럽게 전달됩니다. **엄마의 말은 언제나 아이에게 큰 영향을 미친다는 점 꼭 기억하세요.**

Mom's words

"엄마는 네가 하는 모든 일을 응원해."

"처음부터 욕심 내지 말고 천천히 해보렴."

"무언가 도전하는 것만으로도 훌륭해."

옮긴이 이은지

언어에는 문화와 가치관이 담겨 있다는 믿음을 토대로 작업에 임하는 번역가. 원문에 내포된 감성을 살려 현지에 맞게 옮기는 번역 작업에 심혈을 기울인다. 한양대학교 일본언어문화학과를 졸업하고 일본어 번역에 뛰어들었다.

100일간 엄마 말의 힘

1판 1쇄 인쇄 2022년 7월 4일
1판 1쇄 발행 2022년 7월 14일

지은이 | 사이토 다카시
옮긴이 | 이은지
발행인 | 김태웅
기획편집 | 이미순 **디자인** | 지완
마케팅 총괄 | 나재승
마케팅 | 서재욱, 김귀찬, 오승수, 조경현, 김성준
온라인 마케팅 | 김철영, 장혜선, 김지식, 최윤선, 변혜경
인터넷 관리 | 김상규
제 작 | 현대순
총 무 | 윤선미, 안서현, 지이슬
관 리 | 김훈희, 이국희, 김승훈, 최국호

발행처 | ㈜동양북스
등 록 | 제2014-000055호
주 소 | 서울시 마포구 동교로22길 14 (04030)
구입 문의 | (02) 337-1737 **팩스** (02) 334-6624
내용 문의 | (02) 337-1763 **이메일** dymg98@naver.com

ISBN 979-11-5768-814-2 (03590)